做自己的
心理医生

王波 • 编著

科学普及出版社

· 北 京 ·

图书在版编目（CIP）数据

做自己的心理医生 / 王波编著. -- 北京：科学普
及出版社，2025.1. -- ISBN 978-7-110-10890-1

Ⅰ. B84-49

中国国家版本馆CIP数据核字第202436S0C9号

特约策划	王晶波	
责任编辑	安莎莎	
装帧设计	创巢视觉	
责任印制	李晓霖	

出　　版	科学普及出版社
发　　行	中国科学技术出版社有限公司
地　　址	北京市海淀区中关村南大街 16 号
邮　　编	100081
发行电话	010-62173865
传　　真	010-62173081
网　　址	http://www.cspbooks.com.cn

开　　本	880mm×1230mm　1/32
字　　数	104 千字
印　　张	6
版　　次	2025 年 1 月第 1 版
印　　次	2025 年 1 月第 1 次印刷
印　　刷	德富泰（唐山）印务有限公司
书　　号	ISBN 978-7-110-10890-1/ B·92
定　　价	48.00 元

　　台球爱好者应该都知道，曾经叱咤风云的路易斯·福克斯拿过多项世界冠军。然而，他的比赛历程最终却因为一只苍蝇永远画上了句号。同样因此而终结的，还有他宝贵的生命。

　　那是在 1965 年 9 月 7 日，当时，美国纽约正进行着一场紧张激烈的世界台球冠军争夺赛。路易斯凭借超群的技艺，比分一直遥遥领先，只要稳定发挥，便可将冠军收入囊中。然而，正当他全神贯注地准备击球时，一只苍蝇落在了母球上，路易斯没有在意，挥手赶走了苍蝇，再次俯下身准备击球。可是，那只苍蝇又回来"搅局"，而且不偏不倚地又落在了母球上，周围的观众因此哄堂大笑。这次，路易斯恼火了，狠狠地挥舞着手臂，赶走了苍蝇。

　　当比赛准备继续进行时，戏剧性的一幕又发生了，刚刚飞走的那只苍蝇竟然鬼使神差地再一次飞了回来，而且又让人啼笑皆非地落在了那个母球上！观众的哄笑声像热潮一样爆发出来。路易斯恼羞成怒，再也控制不住自己的情绪了，直接用球杆向苍蝇打去，结果球杆碰到母球，违反了规则。

在台球比赛中，两名选手交替上场，一方有失误时另一方才能上场。由于犯规，路易斯不能再击球，只得回到座位等待。而本以为败局已定的竞争对手约翰·迪瑞牢牢把握住了这次机会，不光拿下了这一局，将比分反超，并且再也没给路易斯机会，实现了惊天逆转，从路易斯手里拿走了冠军奖杯。

比赛结束后，路易斯沮丧地离开了赛场，第二天早上有人在河里发现了他的尸体。一只小小的苍蝇竟然击败了一个世界冠军。因为不能控制自己的情绪，路易斯与成功失之交臂；仅仅是丢了一个冠军，路易斯却困在坏情绪里不能自拔，最终选择了放弃生命。这样的悲剧不仅令人扼腕叹息，更发人深省。

相信，和路易斯一样，大部分人都会遭遇不同种类的压力和坎坷，比如在职场上、在家庭中，等等。其实生而为人，哪能事事如愿？成人的世界永远没有"容易"二字，人生之苦是人人都要经历的。既然谁也躲不掉，那又何必被因这些事而衍生出来的坏情绪左右，甚至付出惨痛的代价呢？

在这个快节奏、高压力的社会中，每个人都可能面临各种心理问题和情绪困扰。我们常常被工作、生活、人际关系等多方面的压力所困扰，有时甚至会感到无助和迷茫。面对这些挑战，学会管理自己的情绪、培养积极的心态，成了现代人必备的生活技能。

本书正是基于这样的背景，为您提供了一份关于情绪管理和心理健康的指南。书中不仅深入浅出地介绍了情绪的产生、种类、反应模式，还详细探讨了情绪与个人认知、环境因素之间的复杂关系。我们旨在帮助读者了解自己的情绪周期，识别和处理负面情绪，同时培养积极的情绪，以提高生活质量和幸福感。

我们相信，通过阅读本书，您将能够更好地理解自己的情绪，学会有效的情绪管理技巧，并最终成为自己的心理医生。这不仅有助于您的个人成长和心理健康，也将对您的职业生涯和人际关系产生积极的影响。

让我们一起开启这段心灵成长之旅，学会管理自己的情绪，拥抱更加健康、快乐的生活吧！

| 目　录

第一章

心理问题是最大的问题

你是否存在心理问题 // 3

心理问题越大越容易陷入负面情绪 // 4

情绪是什么 // 7

人人都有情绪周期 // 11

情绪是一个警示信号 // 15

情绪的"蝴蝶效应" // 17

心理疾病的危机 // 19

情绪带来的"溃疡症" // 21

偏头痛的罪魁祸首 // 24

第二章

优秀的人从不输给情绪

情绪调节：别让坏情绪绑架你 // 29

　　走出情绪的死角 // 29

　　做情绪调节师 // 31

　　装出来的好心情 // 33

　　你为什么常常感到烦恼 // 35

　　学会克制自己的情绪 // 39

情绪释放：给负面情绪找个出口 // 41

　　吵架也能化解坏情绪 // 41

　　为情绪找一个出口 // 43

　　不要刻意压制情绪 // 46

　　情感垃圾不要堆积 // 49

情绪选择：让积极情绪成为性格的一部分 // 52

　　任何时候都要看到希望 // 52

　　变被动为主动 // 55

　　幽默，情绪中的"开心果" // 57

　　向责难你的人说"谢谢" // 60

　　警惕情绪污染 // 62

第三章

不做情绪的奴隶，做自己的心理医生

控制愤怒：不生气也是种本事 // 67

平和的心灵有助于平息愤怒情绪 // 67

愤怒，是安宁生活的阴影 // 70

冲动，是幸福的刽子手 // 73

不要被怒火冲昏头脑 // 76

清除焦虑：你担心的事九成都不会发生 // 79

产生焦虑情绪的原因 // 79

学会给自己减压 // 81

把焦虑情绪打包寄出去 // 84

警惕社交焦虑症 // 86

消除迷惘，让情绪放松 // 89

化解抑郁：别让悲观和抑郁在心里"塞车" // 90

抑郁，是心灵的枷锁 // 90

控制思维，调动你的快乐情绪 // 92

忧郁情绪会给你制造假象 // 94

了解抑郁症状，找对方法消除抑郁 // 96

停止抱怨：改变不了世界，就改变自己 // 100

消除抱怨，让心情更美好 // 100

别为失败找借口 // 103

远离抱怨，路会越走越宽 // 105

命运厚爱那些不报怨的人 // 108

别让抱怨成为习惯 // 111

第四章

培养良好的心理素质，释放生命正能量

永怀希望：唤醒人生正能量 // 115

事情没有你想象的那么糟 // 115

困难中往往孕育着希望 // 117

任何时候都不要放弃希望 // 119

别让精神先于身躯垮下 // 121

常怀感恩：有一种幸福叫感恩 // 123

感谢你所拥有的，这山更比那山高 // 123

感谢磨难，它们让你更加坚强 // 124

别以为父母的付出理所当然 // 127

感谢对手，是他们激发了你的潜能 // 130

让感恩溢于言表 // 132

增强自信：学会为自己热烈鼓掌 // 135

多做自己擅长的事 // 135

像英雄一样昂首挺胸 // 137

独立自主的人最可爱 // 139

善于发现自己的优点 // 142

打造一颗超越自己的心 // 144

自信心训练 // 147

享受平静：改变从心开始 // 149

"接受"才会平静 // 149

建一道宠辱不惊的防线 // 150

拒绝内在的浮躁 // 152

倾听内心宁静的声音 // 154

享受孤独 // 155

清楚什么是自己想要的 // 157

失不悸怕，得不忘形 // 159

释放正能量：养成好情绪 // 161

每个人都可以由平凡走向卓越 // 161

一个人能否成功，关键在于他的心态 // 170

培养襟怀坦荡、与人为善的性格 // 175

送人玫瑰，手有余香 // 178

第一章 ▷

心理问题是最大的问题

你是否存在心理问题

随着生活节奏越来越快，来自社会各方面的压力也越来越大，由此而引发的各种心理问题也层出不穷。在刚开始的时候，人们并没有意识到心理问题带来的危害。他们只重视身体上看得见的健康，却忽略了心理健康问题。实际上，比起身体上的问题，心理上的问题对身体的伤害更严重。

1. 心理问题对社会各阶层人士的困扰

据调查，现代人中产生心理问题和疾病的人群急剧增加，患精神疾病的人数几乎超过了患心血管病的人数，跃居各种疾病患者患病人数的首位。社会各阶层人士都有着心理上的困扰，如果不及时调节，久而久之就会形成一种心理疾病。都市白领会在紧张的工作下患上心理疾病，焦虑不安、抑郁症、精神障碍等心理问题和疾病；离婚人士遭受了情感的挫折，也会或多或少地产生心理问题；贫困家庭的成员难以承受压力的超负荷，生活和工作的双重压力极有可能导致他们出现心理问题；商界精英面对事业受挫，其心理因失败的打击长期处于一种失衡状态中，又不能自我调节，极有可能诱发精神障碍、抑郁症、自闭症等心理疾病。事实上，在一些竞争比较激烈、所担负责任重大的行业里，也会出现一些被心理问题所困扰的人士。因此，心理健康不容忽视，心理上的健康与身体上的健康一样重要。

2. 你是否去做过心理体检

尽管心理压力大，但大多数人依然没能及时去做心理体检。现代人普遍工作节奏快、竞争激烈、心理压力大，抑郁、焦虑和强迫症已成为人们主要的心理疾病。为此，专家呼吁，应加强对自身心理健康的关注和重视力度，建议人们每年做一次"心理体检"，把心理疾病的危害程度降到最低。所以，面对心理疾病，要舍弃听之任之的态度，及时进行疏导，进行心理上的调节，必要时可以向心理专家进行咨询，以此保持自己心理上的健康。

心理问题越大越容易陷入负面情绪

在日常生活中，我们常常发现这样一些容易陷入负面情绪的人：有为生计奔波的小贩、在高企工作的白领精英、女老板，等等。可能，从表面上看，他们似乎并没有共同点。但是，如果我们仔细观察，就会发现，在他们身上有一个显著的特点：压力比较大。

据一项社会调查发现，那些生活、工作条件良好、受过较高程度教育的城市人对生活的满意度远远不如农村人，来自生活和工作的压力让他们的生活质量大打折扣。近些年来，城市人的脾气似乎越来越大。他们常常感到紧张、焦虑、容易愤怒，甚至在悲观时有自杀解脱压力的念头。通过这项调查显示，同农村人相比，城市人工作的体力强度、时间都少于农村人，而且，更注重健康的生活方式。但是，城市人的精神状况却显著差于农村人。同时，在调查中，个人工作稳定、收入有保障被列为城市人平日最关心的问题。对工作的极度关注使得许多城市人明显觉得工作压力影响到了个人健康。另外，城市的快速发展和工作的快节奏让许多城市人觉得自己似乎有点力不从心，60%左右的城市人对自己的工作状况并不满意。而且，来自家庭以及婚姻的压力也会搞得他们焦头烂额。

最近，小月代表公司接待了一个大客户。第一次见面会谈，小月就感觉到这个客户太挑剔，不仅要求策划案完全按照他们的思路进行，而且严格要求了每个细节。回到公司，小月忍不住向老板抱怨："这个客户太挑剔了，一个企划案竟有那么多的要求。"老板收起了满面笑容，板着脸说："小月，你总是嫌这个客户不行，那个客户不行，这怎么能谈成业务？这一次，你务必要拿下这个大客户，否则，你就直接到销售部报道吧。"说完，老板就头也不回地走了，留下满脸苦恼的小月。

按照客户的要求，小月拟写了企划案，而且亲自检查了三遍，然后再交给客户。谁料，在会谈中，客户表示："这里还有几个小问题，你需要改改。为了美观，你最好重新写一份。"小月呆住了，重新写一份，之前自己可是花了一个星期才完成的这份策划案。客户似乎看出了小月的心思，说道："不好意思，不过，我们可以宽限时间，再等你一个星期。"告别了客户，小月几乎是一路发飙回来的。遇到一个出租车司机。因为司机没有听清楚小月报的地址，小月十分生气，说道："你的耳朵干什么用的？老娘今天真是倒霉，遇到你这样一个傻傻的司机。"司机没有吱声，似乎对这样的乘客已经习惯了。就连进入公司大楼前，那个保安多看了小月一眼，小月也毫不客气地说："看什么看，不认识啊。"小月感到心中有个东西在不断膨胀，眼看就要爆炸了。

每天，我们都面临着诸多压力，有可能是事业不顺而造成的工作压力，有可能是感情不顺而造成的感情压力，还有可能是家庭不和谐而造成的家庭压力。对此，心理学家把这些压力统称为"社会压力"。社会压力对于一个人来说，将直接转换成心理压力、思想负担，久而久之，就会成为心结。如果这种压力，长久以来得不到有效释放，就会越积越多，并产生巨大的能量。最终，它就像火山一样爆发出来，导致的结果是，人们的情绪大变，总感觉自己活得太累，每天都不开心，脾气越来越大，甚至，严重者精神崩溃，做出傻事。面对巨大的社会压力和心理压力，最重要的是自我调节、自我释放。当然，有合理而适度的压力，不但不是一件坏事，反而是件好事。

对于我们来说，应该像高压锅一样，当压力不够时就聚集压力，让压力变成"煮饭"的动力；当压力过高时，就自动释放压力，这样压力就不会对我们造成伤害。

情绪是什么

情绪就是心情，包括喜、怒、哀、乐等一系列生理反应。它与个体的认知有关，也与周围环境有关。下面我们从四个方面来了解情绪。

1. 情绪如何产生

科学研究表明，人的大脑中某个部位可以决定人的情绪。但是，人的思维又影响了这个部位对情绪的决定权。专家指出：遗传只在很小程度上决定着你是倾向于安静还是好动。各种生理因素（如疾病、睡眠缺乏、营养不良等）更会使你容易激动。

如果是因为身体的原因而产生不愉快的情绪，可借助药物来改变，但非理性的思维会自我损害，而且难以改变。这是情绪不易控制的根源。

2. 情绪的种类

情绪的种类主要分为以下几种：

（1）原始的基本情绪

包括快乐、愤怒、恐惧和悲哀。

（2）感觉情绪

包括疼痛、厌恶、轻快等。

（3）自我评价情绪

这类情绪主要取决于对比的自我定位，包括成功感与失败感、骄傲与羞耻、内疚与悔恨。

（4）恋他情绪

这类情绪会凝聚成持久的情绪倾向或态度，主要包括爱与恨。

（5）欣赏情绪

包括惊奇、敬畏、美感和幽默。

3. 情绪的反应模式

依据情绪发生的强度、持续的时间以及紧张程度，可以把情绪分为心境、激情和应激反应 3 种模式。

（1）心境

心境是一种微弱、平静、持续时间很长的情绪状态。心境受个人的思维方式、方法、理想以及人生观、价值观和世界观影响。同样的外部环境会造成每个人不同的情绪反应。那些身残志坚的人、临危不惧的人都是掌控情绪的高手。

（2）激情

激情是迅速而短暂的情绪活动，是强有力的。我们经常说的勃然大怒、大惊失色、欣喜若狂都是激情所致。很多情况下，激情的发生是由突发事件引起的，使人们在短时间内失去控制。激情常是被矛盾激化的结果，也是在原发性的基础上发展和夸张表现的结果。

（3）应激反应

人们在遇到突发事件时，我们应对这种紧急情况产生的情绪体验就是应激反应。在平静的状况下，人们的情绪变化差异不大；当应激反应出现时，人们的情绪差异立刻就显现出来。加拿大生理学家塞里的研究表明：长期处于应激状态会使人体内部的生化防御系统发生紊乱和瓦解，身体的抵抗力也会下降，甚至会失去免疫能力，由此更容易患病。因此，要避免长期处于高度紧张的应激反应中。

4. 影响情绪变化的因素

影响情绪变化的因素，概括起来主要有以下三个方面：

（1）遗传因素

根据高级神经活动的三个基本特征，即兴奋与抑制过程的强度、灵活性、平衡性，可以将受遗传影响的情绪分为四种：胆汁质、多血质、黏液质、抑郁质。遗传因素对情绪的影响难以改变。

（2）个人认知因素

情绪是由刺激引起的一种主观体验，但刺激并不能直接导致情绪反应，而是要经过人的认知活动进行评价。对同一事物，不同的人由于需要不同、观念不同、理解不同，情绪体验相差甚远。比如：迎面来了一个熟人，他并未向你打招呼，匆匆而过。如果你认为他是故意装作没看到你，那么你的心情会变差；如果你认为他很忙，根本没注意到你，那么你就不会为此懊恼。你对事件的理解，很大程度上决定了情绪状态是好是坏。改变认知观念、转变理解角度，你就会获得良好的情绪体验。

（3）特定的环境因素

环境因素对人的情绪也有影响。特定的环境可以增强或者减弱情绪变化的速度和强度。美丽的山水、清新的空气、宽松整洁的办公室等环境会使你心情愉快，而嘈杂的街区、拥挤的交通无疑会让你感到烦躁。社会环境对人的影响可能更大，他人对你的关怀、帮助，将使你的焦虑、紧张、痛苦得到缓解，甚至彻底消失。

人人都有情绪周期

月有阴晴圆缺。情绪也会有高低起伏的周期，称为情绪周期。情绪周期又称"情绪生物节律"，是一个人的情绪高潮和低潮的交替过程所经历的时间，反映着人体内部的周期性张弛。

科学研究表明，人的情绪周期从出生起就开始循环。一个情绪周期一般为28天，有的人的周期更长或较短。前一半时间为"高潮期"，后一半时间为"低潮期"。在高潮与低潮过渡的2至3天是"临界期"，处于临界期时，机体各方面的协调性能差，容易发生不好的事情。

人的情绪周期也会有春夏秋冬。高潮期会对人和蔼可亲，感情丰富，做事认真，容易接受别人的规劝，表现出强烈的生命活力，自身感觉很轻松；低潮期则喜怒无常，常感到孤独与寂寞，容易急躁和发脾气，易产生反抗情绪。

少泽有一个温柔内向的女朋友小佳。小佳各方面都很完美，唯独有一点让他不能理解，那就是小佳会莫名其妙地发脾气。事后小佳说自己控制不住情绪，有一股无名之火在胸中燃烧。后来少泽才明白，小佳是受到了情绪周期的影响，而且她的症状更明显。

女人和男人都有情绪周期，但是女人的情绪周期表现得要比男人更强烈，但还不能被视为心理疾患。

1. 情绪周期中的女人

一般来说，女人在行经前的一个星期及行经期间，会出现种种与经期有关的症状，例如腹胀、便秘、肌肉关节痛、容易疲倦、长粉刺暗疮、胸部胀痛、头痛、体重增加等种种身体不适；有些人还会食欲增加、沮丧、神经质及容易发脾气等。这是女性体内的激素变化所导致的——雌激素、肾上腺素等激素的变化，马上会引起生理上的变化。心理情绪随着生理变化而呈现一系列特征。

情绪周期不可避免，我们可以通过记录，在周期到来之际控制忧郁、焦躁不安、想发脾气的心理，从而避免不良情绪对身心的影响。

2. 情绪周期中的男人

人的生长、发育、体力、智能、心跳、呼吸、消化、泌尿、睡眠乃至人的情绪全部受体内生物节律的控制。受男性机体激素水平变化的影响，有的男人情绪周期表现明显，有的表现不明显。

轻松的工作和有规律的生活会使男人情绪放松，积极乐观；长时间的紧张工作和不规律的生活容易导致情绪周期失调，处于压抑的状态。

科学研究表明，情绪节律周期明显影响着男人们的创造力和对事物的敏感性、理解力。在情绪高潮期，男人表现得精神焕发、谈笑风生；在情绪低潮期，他们则变得情绪低落、心情烦闷、脾气暴躁。

男人的情绪周期可以用"橡皮筋"来形容：亲密—疏远—亲密。在情绪高潮期，男人对你完全信任，充满爱意，两人天天在一起。不久之后，男人会心不在焉，开始疏远你，乃至不愿与你说话。经过一段时间的独处和反省之后，他又会变得情意绵绵。理解男性的情绪周期的规律，两个人的相处会更加融洽。

明白了情绪周期的客观存在，我们就可以更好地利用情绪周期。首先，如实记录下自己的情绪变化，描画出自己的基本情绪周期。在这里有一种简单的表格测评方法，可以有效地帮助大家（表1-1）。

表 1-1　情绪周期测评表

心情 ＼ 日期	1日	2日	3日	……
兴高采烈＋3				
愉悦快乐＋2				
感觉不错＋1				
平平常常　0				
感觉欠佳－1				
伤心难过－2				
焦虑沮丧－3				

　　通过每天晚上对当天情绪的回想,在与日期相符合的表格里打上记号;一个月之后,把记号联系起来,就可以发现情绪韵律的模式。经过几个月的概括,我们便可以知道自己情绪的高潮期和低潮期。

　　掌握了自己的情绪周期,可以将其运用到日常生活中。根据自己情绪周期的"晴雨表",我们可以安排好自己的生活和工作。遇上低潮和临界期,可以运用意志加强自我控制。把自己的情绪周期告诉与自己最亲密的人。让他提醒你,帮助你克服不良情绪,避免不良情绪给自己的交往带来不便。人在情绪低落的时候容易畏惧不安,而在情绪高涨的时候乐意迎接挑战。我们可以在情绪良好的时候安排一些难度大、烦琐、棘手的任务,在情绪处于低潮期的时候做一些简单的工作,放松思想,多参加群体活动，学会倾诉，寻求心理支持。切记不要强迫自己违背情绪周期的规律。

情绪是一个警示信号

无论情绪是好是坏，我们都应该认识到情绪对自身的警醒作用和管理情绪的重要性。

1. 情绪提醒我们自身观念的问题

人和人之间情绪的不同，主要源于彼此观念的不同。如果我们的观念出了问题，那么情绪也随之出现问题。例如有些人个人私利观念严重偏狭，一旦别人侵犯了他们的利益，他们就会立刻产生愤怒情绪；还有一些人对自我认识不足，容易产生自满情绪或自卑情绪。

所以想要拥有良好的情绪，我们必须树立正确人生观。

2. 情绪提醒我们心理的问题

一些不良情绪向我们反映出自身心理可能出现了偏差，甚至出现了心理问题。例如郁闷情绪就容易和抑郁挂钩：如果只是短时间的郁闷，那只是正常的情绪反应；但如果一个人长期处于郁闷情绪中难以自拔，就是抑郁心理在作祟了。

我们需要区分哪些情绪是短暂的、符合正常值的，哪些情绪是长期的、超出正常值的。这样才能及早消除自己的心理阴影，让情绪及早回归理性。

3. 情绪提醒我们行为习惯的问题

情绪作为一种反应，还向我们昭示了一些自身行为习惯的问题。

面对满桌的美味佳肴，饥饿情绪的本能反应是立即开吃！然而，你应当考虑是否需要等待别人一起就餐，否则很不礼貌。这就是情绪警示。

我们需要将情绪表达出来，但也不能放纵情绪，应当具体问题具体分析。这正如过马路的黄灯区，行人会停下来考虑下一步该干什么？情绪的表现也需要一个思考的过程，不能任由情绪自由发展。很多人喜怒哀乐直接显示在脸上，这样不利于人与人之间的相处。

4. 情绪提醒我们身体的问题

身患疾病的人经常情绪不稳定，起伏性大，易烦躁激动，爱发脾气，有时甚至难以控制自己。他们对外界因素反应更加敏感，对身体的细微变化和各种刺激往往表现出过度的情绪反应：一点微小的事情，都会引起强烈情绪产生；别人的一句不合意的话，会使其感到受了极大的委屈；甚至别人说话声音太大或者收音机音量太响，也会令其烦恼。

　　某些情绪的集中爆发就是身体出现问题的警讯，必须加以重视。找不到来源的负面情绪可能是由身体疾病引发的，莫名其妙地烦躁不安、毫无理由地生气和低落消沉，都是某种疾病潜伏在你身体里的征兆，我们要多加注意。

　　随着当代社会高速发展，人们的压力也越来越大，在稳定的情绪下，一切都会顺利展开；但情绪不好的时候，行事则十分困难。因此，我们要管理好情绪，适当地调整自己的情绪，然后所做的事情才能更见成效。

情绪的"蝴蝶效应"

　　气象学中有一种"蝴蝶效应"：如果身处南美洲亚马孙河流域热带雨林中的一只蝴蝶偶尔扇动几下翅膀，两个星期之后，美国的得克萨斯州可能会发生一场龙卷风。这听起来有些不可思议，但事实确实如此。因为蝴蝶扇动翅膀的过程中，引起微弱气流的产生，导致周围的空气发生变化，从而引起连锁反应，最终造成严重后果。

　　在生活中也存在"蝴蝶效应"——最典型的表现是情绪，情绪的起因往往就是一句话、一个无意的动作，或许说话人自己都没有注意，但却为日后事情的发生埋下了伏笔。如果我们不注意处理微小的不良情绪，就有可能酿成大祸。

小事情往往是情绪产生的根本原因：小事情可能置人于死地，也可以挽救生命——关键就看我们是否能够妥善处理好产生的情绪。

很多朋友都不明白东子是怎样把临街那家水果店开得如此红火。以前在那个地段开店的总是不超过一个月就关门了，而东子的店自从开张以来生意就没有断过，还越来越好。一次朋友们去参观东子的店才明白这其中的奥妙：有大爷大妈来店里买东西的时候，东子总是亲切地叫出王大妈或李大爷，从没有叫错过，会关心地问一句他们的身体状况；遇到年轻人还会和他们聊聊天。在朋友眼里，所有客人都成了东子的朋友。

在东子的水果店里，人们得到的是轻松愉悦的心情和积极正面的情绪。就算在客人进店之前还有负面情绪，也能在东子店里得到发泄和沟通。有时候一句关怀的话、一个善意的行动也能温暖人心，产生促进好的情绪的"蝴蝶效应"。

我们需要保持高度的"敏感性"，要注意情绪的变化，及时调整心态避免负面情绪积累，促进积极情绪有效形成。

心理疾病的危机

在生活中，经常有的人只重视身体健康，却忽视心理健康。

俗话说："健身首先要健心"。因此，从某种意义上来说，心理健康比身体健康更重要。也许你会问："心理健康与否和情绪又有什么关系呢？"心理学家研究表明，导致心理不健康的罪魁祸首就是不良情绪。

晋朝有个人叫乐广。有一天，一个好朋友去看望乐广。乐广拿出酒来招待他，两人边喝边谈。可客人好像有什么心事，喝得很少，话也说得不多，一会儿便起身告辞了。

这个朋友回到家里便生起病来，请医服药也不见效。乐广得知这个消息，立刻去他家探视，询问病因。病人吞吞吐吐地说："那天到你家喝酒的时候，我仿佛看见酒杯里有条小蛇在游动，当时感觉特别紧张，心里也很害怕。喝了那酒，回来就病倒了。"乐广想了想，便热情地邀朋友再去他家饮几杯，并保证能治好朋友的病。

这一次，两人仍坐原位，酒杯也放在原处。乐广给客人斟上酒，笑问道："今天杯里有无小蛇？"客人看着酒杯，紧张情绪不受控制，立刻跳了起来，大叫道："有！好像还有。"乐广转身取下挂在墙上的一张弓，再问道："现在，蛇影还有吗？"原来酒杯里并没有什么小蛇，而是弓影！病人恍然大悟，疑惧尽消，病也就全好了。

乐广的朋友得的就是心理疾病，根源就是他的不良情绪。他以为自己的酒杯里有蛇，感到紧张、恐惧。而这些情绪得不到化解，心里就有了负担，生病也就是自然而然的了。

有人花了38年的时间做了一项调查。结果显示，心情舒畅的人，其死亡率很低，极少得慢性病；而精神压力大的人，竟有三分之一会因重病而去世。很多疾病，如高血压、心脏病、胃溃疡、肺结核、哮喘等发病的原因的确与情绪有关。由此可见，人的心理健康与身体健康是相互联系、相互制约、相辅相成的。

幻觉

这是一种没有现实刺激物作用于相应的感受器官而出现的虚幻的感知和体验，就是外界环境并不存在某种事物，而主体却坚持认为该事物存在，因而是一种无中生有的虚假、空幻的感觉。幻觉有幻听、幻视、幻味、幻嗅、幻触等。有幻觉的人可能完全被幻觉所吸引，被幻觉命令所支配，出现种种反常的行动。

妄想

这是毫无事实根据但当事人却坚定不移的病态想法。它是一种歪曲的信念，错误的判断和推理，包括疑病妄想、关系妄想、钟情妄想、迫害妄想、忌妒妄想等。病人对周围事物疑心重重，有时会夸大自己的能力、地位和财产。尽管这种想法极端荒唐无稽，但是病人却坚定不移。无论旁人怎样解释，甚至把无可辩驳的事实摆在他面前，也丝毫不能动摇或纠正他的信念和想法。

兴奋

这是指人情绪激动，活动增多，烦躁不安，说话时喋喋不休，骚动不安，有时会冲动起来，出现伤人毁物的破坏性行为。

忧郁

这是指人情绪低沉、精神沮丧，整天愁眉苦脸、唉声叹气，对周围事物漠不关心，丝毫不感兴趣。这样的病人会产生自责自罪的想法，悲观绝望，甚至会自杀。

对于已经生病的人来说，患者自身有良好的心理状态，与医生密切配合，可使重病减轻，让绝症得到缓解。在日常生活中，我们要积极主动地调节自身情绪，长期保持较好的精神状态，健康快乐地生活。

情绪带来的"溃疡症"

不良情绪是溃疡发生的根本原因。研究证明，胃溃疡和十二指肠溃疡与情绪刺激有非常密切的关系。不良的心理压力，会使大脑皮层功能发生紊乱，增加胃酸和胃蛋白酶的分泌，使胃平滑肌痉挛，同时促使交感神经功能亢进，引起胃和十二指肠黏膜下血管痉挛，造成黏膜局部缺血，营养不良，从而造成溃疡。溃疡一旦形成，提高胃酸分泌的任何刺激，都会使溃疡恶化，引起疼痛和出血。

王先生，男，42岁，是某企业厂长。他患十二指肠溃疡多年，每年发作2～3次，主要表现为饭前或空腹时上腹部疼痛。一般情况下，经用药治疗后可以恢复。不发作时，除常有嗳气和反酸症状外并无其他不适。这次溃疡复发，服用先前用的抗迷走神经药、抗酸药等不能完全缓解。他从朋友那里知道或许心理医生可以帮助他，就去心理门诊求助。心理医生先询问了王先生的工作性质、生活习惯，以及自身压力方面的问题，然后得出了这样的诊断：王先生的溃疡病确实与情绪有关。

溃疡人群具有共同的性格特点：被动、拘谨、依赖性强、缺乏进取心、交际能力差、缺乏主见、优柔寡断、情绪易波动、受挫后一蹶不振、一有刺激便易焦虑紧张。因此，消化性溃疡可以说是一种情绪疾病。

除了消化性溃疡，不良情绪还会引起口腔溃疡。精神过度紧张、情绪波动、睡眠不足，容易造成自主神经功能失调，极有可能会引起口腔溃疡。

不过不用担心，它没有传染性。在复发性口腔溃疡的患者中往往可以见到遗传倾向：如果父母均有复发性口腔溃疡，那么子女的发病率约是 80%~90%；如果双亲之一有复发性口腔溃疡，那子女的发病率约为 50%~60%。

胃溃疡患者与正常人相比对于紧张的刺激感受更为悲观，应付能力要比正常人弱，应付的方式趋于不成熟，易冲动、心理调节能力差，并缺乏信心。

人是社会的主要成员。大量的刺激因素来源于日常社会生活。在 84% 左右的上消化道溃疡患者和 80% 左右的溃疡病复发患者中，在症状发作的前一周内，有严重或明显的生活刺激。

预防胃溃疡的措施包括：养成定时定量饮食的习惯，不暴饮暴食；避免吃生冷、过于粗糙的食物；劳逸结合；不大量吸烟、喝酒；注意气候变化。

我们都有这样的感受：高兴时，粗茶淡饭也香甜；烦躁时，纵有山珍海味摆在面前，也是苦涩难咽。可见，胃肠的功能对情绪非常敏感。专家认为，胃是情绪变化的晴雨表，或者干脆称之为"情绪胃"。

肠胃疾病与情绪密切相关。情绪波动引起消化机能的变化。过分强烈或持久的不良情绪，很可能引起消化不良、腹胀、便秘或腹泻等功能性肠胃病、溃疡病，甚至是胃肠道肿瘤。

偏头痛的罪魁祸首

偏头疼是上班族常见的一种疾病。

人在害羞、害怕、惭愧、愤怒，以及受到表扬或批评，或在温度变化等情况下，出现面红，甚至周身皮肤发红，是由于皮肤暂时性血管扩张，医学上称为面红恐惧症，常见于强迫性神经官能症和精神衰弱的患者，女性较为多见。这与头部神经有关。

除了脸红症状，头颅内外中等粗细的血管对于情绪的刺激最为敏感。这些血管随着我们的情绪变化而变化，会引起头痛，或者更为严重的偏头痛。

有一位女士患上一种很严重的偏头痛，每次她上街后都要发作，回来后不得不卧床休息一天。

因为这位女士天生害羞，一想到上街购物要遇见很多人，就惴惴不安，所以每次上街前她都要细细规划一番。但她一想到要出去购物，还没等出去就开始头痛，等回来之后就得卧床休息。

负面情绪为什么会造成偏头痛呢？

这是因为血管中含有丰富的神经末梢，疼痛反应极为强烈，因而引发头痛。

典型的偏头痛在头痛之前会有先兆症状，比如精神不振、视物不清、偏盲或出现幻觉、想睡觉及不舒适感。这些症状几分钟或十多分钟后消失，其后就开始头痛。不典型的偏头痛无先兆症状，一开始就是头痛。先是一侧局部出现胀痛，然后扩展到眼结膜及鼻黏膜充血，还可能出现吃饭不香、恶心、怕光、怕噪声等症状。发作轻者仅几个小时，重者可持续数日。

偏头痛一般会周期性发作，每次发作的过程相似；疼痛感强烈者，个性特征也会发生改变。

最新的研究表明，偏头痛与各种潜在的精神疾病有密切联系。大部分的偏头痛都与精神疾病和情绪障碍有关，如抑郁症、恐慌症、社交恐惧症、焦虑狂躁症等。

偏头痛应首先采取心理治疗，对情绪进行调控，同时配合药物治疗，缓解症状。情绪调控疗法有精神疗法、自我训练及冥想静思疗法等。要尽量清除引起患者不良情绪反应的心理刺激源。此外，合理安排日常生活及工作、缓解家庭矛盾、保持良好情绪，对治疗偏头痛也有良好的效果。

第二章

优秀的人从不输给情绪

情绪调节：别让坏情绪绑架你

走出情绪的死角

有时候，情绪会把我们带进一个死胡同。

一个人在森林中徒步行走，他眼角的余光瞥见了一条长而弯曲的东西，脑子里蓦地窜出蛇的样子，下意识地跳到了一块石头上。然而，他仔细察看这个东西后，紧张的心情放松了，原来那是一根青藤。

这个人在刚看到青藤时的反应被称为应激反应，是大脑的情绪反应与智力反应的通路。在应激状态下，出现于大脑中的情绪与智力的通路是正常的、可以理解的。然而，有些人在正常状态下也会如此，这类人很难调节自己的情绪。

苏珊娜最近的精神状态很糟糕，她不得不去咨询心理医生。

第一次见心理医生时，她一开口就说："医生，我想你是帮不了我的，我实在是个很糟糕的人，老是把工作搞得一塌糊涂，肯定会被辞掉。就在昨天，老板跟我说我被调职了，他说是升职。可要是我的工作表现真的好，干吗要把我调职呢？"

她在两年前拿了个工商管理硕士学位，有一份薪水优厚的工作。这哪能算是一事无成呢？

针对苏珊娜的情况，心理医生要她以后把想到的话记下来，尤其在晚上失眠时想到的话。在他们第二次见面时，苏珊娜记下了这样的话："我其实并不怎么出色，我之所以能够冒出头来全是侥幸。""明天定会大祸临头，我从没主持过会议。""今天早上老板满脸怒容，我做错了什么呢？"

她承认说："在一天里，我列下了 26 个消极思想，难怪我经常觉得疲倦，意志消沉。"直到苏珊娜把忧虑和烦恼的事念出来后，才发觉自己为了一些假想的灾祸浪费了太多的精力。

世上本无事，庸人自扰之。有些时候，并不是烦恼在追着你跑，而是你拎着它不放，就像故事中的苏珊娜一样。大凡终日烦恼的人，实际上并不是遭到了多大的不幸，而是内心对生活的认识存在片面性。因此，我们要学会摆脱烦恼。

真正聪明的人，即使处在恼人的环境中，也往往能够自己寻找快乐。谁都会有烦恼的事情，但如果总为不期而至的意外烦恼不已，或悲观失望，让自己的生活变得更糟糕，这样做不是很愚蠢吗？既然我们不能改变既成事实，为什么不改变态度面对事实，尤其是看待坏事的态度呢？

做情绪调节师

情绪可以给我们带来伟大的成就，也可以带来惨败。我们必须控制自己的情绪，千万不要让情绪左右。气度恢宏、心胸博大的人才能做到不以物喜，不以己悲。

激怒时要疏导、平静；过喜时要收敛、抑制；忧愁时宜释放、自解；思虑时应分散、消遣；悲伤时要转移、娱乐；恐惧时寻支持、帮助；惊慌时要镇定、沉着……情绪修炼好，身心才健康。

被人津津乐道的"空嫂"吴尔愉是个控制情绪的高手。她的优雅美丽来自健康的心态。

她认为，如果一个人习惯用自己的缺点和别人的优点比较，那么他会对什么都不满意，却对谁都不说，日积月累，不但这个人的心情会很糟糕，就连他的皮肤也会变粗糙，美貌也会减半。所以，有不开心、不顺心的事，吴尔愉一定会找一个伙伴一吐为快，朋友也能从旁观者的角度给她建议，让她豁然开朗。

在工作中，她更善于控制情绪，让工作成为好心情的一部分。在飞机上常常遇到刁钻、挑剔的客人，吴尔愉总能让他们满意而归。她的秘诀就是不要被急躁、忧愁、紧张等消极情绪所左右，换位思考，乐于沟通。

一位患有皮肤病的客人在飞机上十分暴躁，空姐都被他惹得恼怒。此时吴尔愉却亲切地为他服务，并且让空姐们想想如果自己也得了皮肤病，可能比他还暴躁。在她的劝导下，大家都开始细心照顾这位乘客。

人的情绪无非两种：一是愉快，二是不愉快。无论是愉快的情绪还是不愉快的情绪，都要把握好它的"度"。"愉快"过度了，就成了乐极生悲。不愉快的情绪必须释放，以求得心理上的平衡；但不能过分发泄，不然既影响自己的生活，又加剧了人际矛盾，于身心健康无益。

当遇到意外时，要学会运用理智，控制自己的情绪，轻易发怒只会产生负面效果。

面临困境，不要让消极情绪占据你的头脑。遇事多往好处想，多聆听自己的心声，给自己留一点时间，努力在消极的情绪中加入一些积极的思考。

去散一会儿步。到野外郊游，极目绿野，回归自然，荡涤胸中的烦恼，厘清混乱的思绪，净化心灵尘埃，唤回失去的理智和信心。

唱一首歌。一首优美动听的抒情歌，一曲欢快轻松的舞曲会唤起你对美好过去的回忆，引发你对灿烂未来的憧憬。

读一本书。在书的世界中遨游，将忧愁、悲伤统统抛到脑后，让你的心胸更开阔。

看一部精彩的电影，穿一件漂亮的新衣，吃一点最爱的零食……不知不觉间，你的心不再是情绪的垃圾场。你会发现，没有什么比被情绪左右更愚蠢的事了。

生活中许多事情都不能改变，但是我们可以改变自己的心情，不再做悲伤、愤怒、忌妒、怀恨的奴隶，积极健康地面对生活。

装出来的好心情

我们都知道"开心是一天，不开心也是一天"的道理，但"天天好心情"还真不是件容易事。喜怒哀乐乃人之常情，但是长时间情绪低落会侵蚀你的身体，甚至影响你的健康；而好的心情则可以大大提高生活质量，也有助于身心健康。所以，一个人要想健康长寿，首先要摆脱坏情绪的纠缠，去发现、体味生活中的美好，保持好心情。

有句谚语："一个小丑进城，胜过一打医生。"小丑带给了大家欢笑，而好心情对身心健康的重要性甚至胜过了医生对你的帮助。比方说，当你感到压抑、没有任何动力和积极性的时候，不妨装着笑出来，可以微微一笑、对着镜子做些鬼脸，还可以开怀大笑、吹吹口哨。无论怎样，你就是要装出自己心情很好的样子。你会发现，不久之后心情真的好起来了。而且，这种方法还能帮助你减轻疲劳、舒缓紧张和忧虑情绪。

李先生是一个事业有成的企业家。他的人生很成功，按理说没有什么让他忧虑的事情，但事实并非如此——他经常感到恐慌，然后陷入低落的情绪中。

有一天，他又感到意志消沉。之前出现这种状况时，他通常采取的办法是避不见人，直到心情转好为止。但这天他要和上司举行一个重要会议，不见人肯定行不通，那怎么办呢？他决定装出一副快乐的表情。

于是，他在会议上笑容可掬，谈笑风生。令他惊奇的是，他发现自己真的不再抑郁不振了。

这是一种很奇妙的感觉：在他无意识中，低落的情绪竟然自己就跑了。

其实，装出好心情的例子有很多。不知你有没有发现，当小孩子哭得眼泪汪汪的时候，大人们通常都会逗小孩子说："噢，不哭，不哭，来，笑一个，乖乖笑一个吧。"结果很多小孩子就真的笑了。当然，刚开始的时候，他们可能很不情愿，只是勉强地笑了笑，但很快他们会随着这个勉强的笑慢慢变得开心起来。这就是装出好心情最常见的例子。当然，如果一个人装出很生气的样子，他也会因为这个角色扮演而陷入这种情绪的常见反应，心跳、呼吸变得急促。然后，这个人的情绪也会被装的愤怒所影响，容易变得心情不好。所以，当你心情不好、意志消沉的时候，赶快装个好心情吧。你只需用自己的表情和心情这些唾手可得的装扮道具，就能瞬间赶走灰暗情绪。

你为什么常常感到烦恼

　　吉姆没有睡眠问题，但是，他觉得要保持清醒很不容易。今天在公司停车场，他又一次呆坐在车里面，感觉被一整天的压力钉牢，感到浑身异常沉重，唯一有力气做的只是松开自己的安全带。然后他继续坐着，一动不动，没法推开车门出去工作。

　　如果他想想一天的工作安排也许能够站起来——以前这种想法总是能让他走出去，让生活像球一样滚动起来。但是，今天却不行。每一次谈话，每一个会议，每一通需要回复的电话都让他感觉像在生生地吞咽着一个又一个的铁球。而随着每一次的吞咽，他的思绪便从日程安排转向了那些每天早晨都会反复问的问题："为什么我感觉这么糟糕？我已经得到了大多数男人想要的一切——相爱的妻子、健康的孩子、稳定的工作、漂亮的房子……我到底怎么了？为什么我的思想老是集中不起来？而且，为什么总是这个样子？温蒂和孩子们已经被我的自责感折磨得痛苦不堪。他们已经无法再忍受我了。如果我能够弄明白这一切，事情也许会变得不同。如果我能知道为什么自己感觉如此虚弱，也许就能够解决那些问题并且像其他人一样好好地生活。这一切是多么愚蠢啊。"

一位心理学家为了研究人"烦恼"的来源，做了一个有趣的实验。

他让参加实验的志愿者们在周日的晚上把自己对未来一周的忧虑与烦恼写在一张纸上，并署上自己的名字，然后将纸条投入"烦恼箱"。

一周之后，心理学家打开箱子，将所有的"烦恼"还给其所属的主人，并让志愿者们逐一核对自己的烦恼是否真的发生了。结果发现，其中90%的"烦恼"并未真正发生。随后，心理学家让他们把过去一周真正发生过的烦恼记录下来，又投入"烦恼箱"。

三周之后，心理学家再次把箱子打开，让志愿者重新核对自己写下的烦恼。这次，绝大多数人都表示，自己已经不再为三周之前的"烦恼"而烦恼了。

在这个实验中，我们会发现，烦恼这东西原来是预想得很多，出现得却很少；自认为沉重到无法负担，转瞬也便如骤雨急停。人生的烦恼大多是自己寻来的，而且大多数人习惯把琐碎的小事放大。

还有这样一个心理学实验。

茶几上摆放着十几个水杯，这些杯子材质不同、造型各异、品位悬殊。心理学家对实验者说："你们如果口渴的话，就自己拿个杯子倒杯水喝吧！"

正值暑天，大家聊了一会儿就觉得口干舌燥，便纷纷起身去选杯子倒水。等到每个人面前都有了一杯水之后，心理学家突然问："你们有没有发现你们选杯子时有个共同点？"

众人互相对视了几眼，都摇了摇头。

"你们看看茶几上被挑剩下的杯子，大多是劣质的塑料杯或纸杯。在可以选择的情况下，每个人都想拥有更好的东西，你们的心思就这样有意或无意地表露出来了。这样的心思并没有什么对错之分，但是你们当中大多数人在选择杯子去倒水的时候都忘记了，自己需要的是水，而不是水杯。水杯的优劣对水质的好坏影响并不大。"

生活中类似的例子不在少数。我们很容易被一些鸡毛蒜皮的琐事牵绊，反而忘记了自己的初衷，难免自生烦恼。这正是"野花不种年年开，烦恼无根日日生"。

作家吴淡如曾经在她的文章中提过这样一组数据：我们的烦恼中，有40％属于杞人忧天，那些事根本不会发生；30％是无论怎么烦恼也没有用的既定事实；12％是事实上并不存在的幻象；还有10％是日常生活中微不足道的小事。也就是说，我们的脑袋有92％的烦恼都是自寻的——活该你烦恼。只有8％的烦恼勉强有些正面意义。

吴淡如问她的读者："看了这些数据，你要不要删除你92％的烦恼？"

是啊，看了这些数据，我们是否应该主动删除自己那92％的烦恼呢？

古代的思想家王阳明也说："破山中贼易，破心中贼难。"星云大师告诫我们，自己的敌人就在自己心里，贪嗔痴疑慢、消极懈怠、忧愁烦恼，无一不是阻碍我们精进的心魔。能将其降伏者，也只有自己。

学会克制自己的情绪

人生充满了曲折，于是人有时会快乐，有时会痛苦，有时会悲伤，有时会郁闷。正面情绪使人积极向上，负面情绪使人沮丧失意。不管是哪种情绪都会随着时间流逝向自己内心深处沉淀，成为自己的潜意识。

不管自己正在做什么工作，也不管自己处于一种什么样的人生状态，人们总会自问人生的意义，也总会在生活中思考人生的价值。这也就说明人们很希望能掌控自己的内心世界，因为只有自己成为自己，一切才能变得有意义。如果可以掌控自己，即使"痛"也使自己快乐。

一个成功的人必定是有良好控制能力的人。控制自我不是说不发泄情绪，也不是不发脾气，过度压抑会适得其反。良好地控制自我就是不要任由情绪发展。

情绪是变化的，一种情绪会导入另一种情绪。

当我们感到被不愉快的情绪围绕时，要花一点时间去弄清楚它们的来源。所以，当我们抑制不住生气时，我们要问问自己：一年后生气的理由是否还那么重要？这会使你对许多事情得出正确的看法。控制住自我,你的能力就会彰显出来。

詹纳斯·科尔耐说:"我把人在控制情感上的软弱无力称为奴役。因为一个人为情感所支配,行为便没有自主之权,而受命运的宰割。"哈佛公共政策学教授伊莱恩·凯玛克则说:"做自己感情的奴隶比做暴君的奴仆更为不幸。"

人是在束缚中寻找生命的意义的。一个掌控自己内心世界的人,会活得更加坦然、快乐。

情绪释放：给负面情绪找个出口

吵架也能化解坏情绪

吵架多数发生在夫妻身上。身处婚姻中的男女没有必要将吵架当作一件多么了不得的事情，甚至认为你们的婚姻进入了危机，而应以一颗平常心对待彼此之间的分歧和争吵。

从另一个角度来说，吵架反而是夫妻之间沟通的一个很好的手段。当一个人什么事情都是一味认同对方，自己内心的需求无法得到满足时，不满情绪不自觉地就会产生，憋在心里。可是对方不会明白你在烦恼什么。这个时候，吵架就可以帮助你们沟通了。

和谐的婚姻，并不在于完全没有争吵，而在于争吵发生后，彼此如何处理与面对。这是婚姻生活中很重要的一门学问。夫妻之间争吵时应遵循以下三个原则：

一是争吵时先调整心情，再处理事情。夫妻吵架往往不在于对错，而在于双方的心情好坏：心情好，能把坏事看成好事；

心情不好，能把好事看成坏事。一些夫妻把对方的优点、长处忽略不计，或视为理所当然，而对方的缺点、毛病，总看在眼里，烦在心里，挑剔、指责不断、吵架不止。

二是不要企图改变对方，要先努力改变自己。夫妻之间虽然在一起共同生活，但是二人的兴趣、爱好、性格以及思维模式和行为习惯很少有完全相同的。所以，各自对待生活的态度、处理事情的思想和方法会有很多不同之处。恩爱夫妻都有的特点是，能互相包容和顺应，而不是改变对方，更不会企图把自己的兴趣、爱好、思维模式及行为习惯强加给对方。

三是夫妻争吵时不求胜利，只求沟通。夫妻吵架不必争谁输谁赢，只要在吵架中把自己心中的不满"吵"给对方就够了。吵架是一种强烈的沟通形式，因为通过吵架，即使对方没有完全接受你的观点、想法或意见，也已起到了交流感受、想法、意见的作用。尽管吵架是一种被动的沟通，但是，它比夫妻间有气发不出来，而闷在心里好得多。

夫妻吵架不求胜利，只求沟通的另一个方面是"不讲道理"才是真道理。夫妻吵架，很少由原则问题引起，不必较真非要争出个谁对谁错来不可。

只要我们学会了沟通的技巧，那么对自己和爱人的关系只有好处，没有坏处。

为情绪找一个出口

在生活中可能会产生各种各样的情绪。情绪上的问题如果长期郁积心中，就会引起身心疾病。因而，我们要及时排解不良情绪。很多时候，只要把困扰我们的问题说出来，心情就会舒畅。我国古代，许多人在遭遇不幸时，常常赋诗抒发感情，这实际上也是正常宣泄的一种方式。

研究认为，在愤怒的情绪状态下，伴有血压升高的状况，这是正常的生理反应。如果怒气能适当地宣泄，紧张的情绪就可以得以松弛，升高的血压也会下降；如果怒气受到压抑，长期得不到发泄，那么紧张情绪得不到平定，血压也降不下来，持续过久，就有可能导致高血压。由此可见，不良情绪必须及时地宣泄。

自控是控制情绪的最佳方式。但在实际生活中，始终以积极、乐观的心态去面对不顺心的外部刺激，是很难做到的。所以，为了顾忌全局，暂时忍耐的方法用得更多。然而每个人的忍耐力都是有极限的，当情绪上的烦躁、内心的痛苦达到一定程度，最终会非理性地爆发出来。因此，在实际生活中，要为自己的负面情绪找一个"出口"，将内心的痛苦有意识地释放出来，从而避免不可控地爆发。

有天晚上，汉斯教授正准备睡觉，突然电话铃响了。汉斯教授一听才知道电话是一个陌生妇女打来的，对方的第一句话就是："我恨透他了！""他是谁？"汉斯教授感到莫名其妙。"他是我的丈夫！"汉斯教授想，哦，打错电话了，就礼貌地告诉她："对不起，您打错了。"可是，这个妇女好像没听见，如竹桶倒豆子一般说个不停："我一天到晚照顾两个小孩，他还以为我在家里享福！有时候我想出去散散心，他也不让，可他自己天天晚上出去，说是有应酬，谁知道他干吗去了！"

尽管汉斯教授一再打断她的话，说不认识她，但她还是坚持把话说完了。最后，她喘了一口气，对汉斯教授说："对不起，我知道您不认识我，但是这些话在我心里憋了太长时间了，再不说出来我就要崩溃了。谢谢您能听我说这么多话。"原来汉斯教授充当了一个听筒。但是他转念一想，如果能挽救一个濒临精神崩溃的人，这也算是做了一件好事。

这名陌生的妇女之所以选择了汉斯教授作为自己情绪的出口，就是因为彼此不认识。这名妇女能轻松地将自己的情绪倾倒出来，而不会引起恶性循环。

所以，我们要找到合适的发泄情绪的通道，当有怒气的时候，不要把怒气压在心里。对于情绪的宣泄，可采用如下几种方法：

1. 直接对刺激源发怒

如果发怒有利于澄清问题，具有积极性、有益性和合理性，就要当怒则怒。这不但可以释放自己的情绪，而且是一个人坚持原则、提倡正义的集中体现。

2. 借助他物发泄

把心中的悲痛、忧伤、郁闷、遗憾借助他物痛快淋漓地发泄出来。这不但能够充分地释放情绪，而且可以避免误解和冲突。

3. 学会倾诉

当遇到不愉快的事时，不要生闷气，把不良情绪压抑在内心，而应当学会倾诉。

4. 高歌释放压力

音乐对治疗心理疾病具有特殊的作用，而音乐疗法主要是通过听不同的乐曲把人们从不同的不良情绪中解脱出来。除了听以外，自己唱也能起到同样的作用。尤其是高声歌唱，是排除紧张、舒缓情绪的有效手段。

5. 以静制动

当心情不好，产生不良情绪体验时，我们内心都十分激动、烦躁、坐立不安。此时，可默默地侍花弄草，观赏鸟语花香，或挥毫书画，垂钓河边。这些看似与排解不良情绪无关的行为恰是一种以静制动的独特宣泄方式，以清静雅致的态度平息心头怒气，从而排除沉重的压抑。

6. 哭泣

哭泣可以释放人心中的压力，往往当一个人哭过后，心情会舒畅很多。

当然，宣泄也应采取适当的方式。一些诸如借助他人出气、将工作中的不顺心带回家中、让自己的不得意牵连朋友等做法都不可取，于己于人都不利。与其把满腔怒火闷在心中，伤了自己，不如找个合适的出口，让自己更快乐一些。

不要刻意压制情绪

马太定律指的是好的越好、坏的越坏、多的越多、少的越少的一种现象。最初，它被人们用来解释一种社会现象。例如，社会总是对已经成名的人给予越来越多的荣誉，而那些还没有出名的人，即使他们已经做出了不少贡献，也无人问津。

其实，这一定律同样适用于人的情绪。也就是说，那些快乐的人，会越来越快乐；相对应的，那些压抑的人，总是感到越来越压抑。我们经常会看到这样一些人——他们总是抱怨自己的人生不如意，并由此产生了一系列的心理问题。

心理学研究表明，情绪需要的是疏导而不是压抑。当你大胆地表达出真实情感时，目标将有可能实现；反之将事与愿违。

白雪是一个很美丽的女子，老公是她的初恋，因为爱，她一直都在迁就他——从大学恋爱到结婚，一直如此。而他，则有着别人不能反抗、永远是他对你错的嚣张气焰。他不喜欢她工作，她就只能在家带孩子。他不喜欢她的朋友，她就乖乖地一个朋友都不见，渐渐失去了所有朋友。每当他心情不好时，她都对他百般迁就与迎合，希望老公在自己的关爱与包容下，脾气会有所改善。可是，日子一天天过去，他的脾气非但没有改善，反而愈演愈烈。

她纵然有一千个想法，也从来不敢表达。她从此很少说话，保持着令人崩溃的沉默，把一切放在心里。却不曾料到，在这样的环境中，小时候非常活泼可爱的女儿居然也学会了迎合她的情绪。看到白雪哭的时候，她会安慰妈妈，唱歌给妈妈听，说老师夸奖她之类的话——其实白雪知道老师并没有表扬她。孩子在学校非常的自闭，没有朋友，常常一个人呆呆地不说话。这让白雪非常揪心。

九年的婚姻，九年的迎合，她从一个活泼快乐的公主变成了一个深度抑郁的女人，还影响到了孩子的成长。虽然这跟双方的性格有关，但也是她一味迎合、纵容的结果。

那么该如何排解自己的压抑情绪，让想法顺利地表达出来呢？我们通常可以采取以下几种方法：

1. 鼓励自己，给自己勇气

缺乏信心是我们不敢表露真实情绪的原因之一。由于在乎对方的看法或情感，我们开始压抑自认为不利于双方关系的情绪。

这时候，我们需要给自己勇气，告诉自己，即使对方不认可也没有关系——心中坦然，情绪也就自然地表露出来了。

2. 情绪表达要平缓

情绪即使再激烈，也可以选择一种相对轻缓的方式来表达。否则，很容易遭到对方的抵触，沟通也就不能再继续进行了。

我们要试着对别人说"我现在很生气……"，而不是用激烈的指责或行动来表达生气，情绪是可以"说出来"的。

3. 学会拒绝别人

如果你想拒绝别人，也要大胆地表达出来。但是拒绝是讲究技巧的，太直率的拒绝可能会影响双方的关系。在拒绝对方的时候，你要考虑到对方的心理感受，可以肯定而委婉地告诉他你没法答应，并表达你的歉意。

4. 学会赞美与肯定

赞美是一种有效的人际交往技巧，能在短时间内拉近人与人之间的距离，消除戒备心理。每个人都渴望听到赞美和肯定的话。真诚的欣赏与赞扬，会让你的人际关系更加和谐，也便于你顺利表达自己的想法。

大自然水库的水位超过警戒线时，水库就必须进行调节性泄洪，否则会危害到水库的安全。倘若没有泄洪，反而不断进水，水库就会崩溃。人的情绪也一样，当需要表达时，请勇敢地迈出沟通的第一步。

情感垃圾不要堆积

人们在相处时会滋生情感垃圾。一些人选择了压制，试图阻止情感垃圾蔓延。

其实，存在情感垃圾是一种生活常态，但不应该成为心灵的常态。若一个人被情感垃圾所束缚，他便只能从压抑中体会烦恼与纷扰，很难有游刃有余、自由洒脱的心境。所以，我们应该适当地丢掉一些感情的垃圾，给自己的心灵松绑。

他是个爱家的男人。对她也是百般呵护、万般宠爱，好得让她这个做妻子的自惭形秽。

他们之间第一次出现感情异常是因为一把钥匙。他原有四把钥匙，楼下大门、家里的两扇门以及办公室这四把。不知何时起，他口袋里多了一把钥匙。她曾试探过他，但他支支吾吾闪烁不定，这令她怀疑这把钥匙的用途。她开始有意无意地打电话追踪，偶尔还出现在他办公室，名为接他下班实为突击检查。

伴随着他反常的行为举止，她的心一次一次地动摇。她有时候甚至动不动就发脾气，可是他对她依然温柔体贴。直到有一天，她发现了钥匙的用途，原来是开银行保险箱的，于是她悄悄拿走钥匙进了银行。

当钥匙一寸一寸地伸进那小孔，她慌张又迫切地想知道答案。打开保险箱，首先映入眼帘的是一个珠宝盒，盒子里有他俩的合照以及热恋时期的情书。在珠宝盒下面是一些有价证券，另外还有一些不动产证书，上面都写着一个人的名字。

她哭了，因为这个名字不是别人，正是她自己。所有的疑虑都烟消云散——他是爱她的，而且如此忠诚。

故事中的妻子原本幸福快乐地生活着，因为对丈夫的疑虑，他们的情感出现了垃圾，影响了正常的生活。但是当情感垃圾清除了之后，她的心境又回归平和，心灵也得到解脱。

对于亲情、爱情、友情，现实生活中的每个人都会产生情感垃圾。那么，如何清理心中的情感垃圾，为心灵松绑呢？

直面问题、解决问题

每个人都有大大小小数也数不清的问题，比如考试不及格、工作不顺利、失恋，等等。如果处理不好，心里就容易产生情感垃圾，影响自己的心情。这时就要直面产生问题的原因，解决问题，不要让情感垃圾堆积。

主动表达自己的善意

情感垃圾往往由于彼此的不信任而产生。这个时候谁对谁错都不重要了，重要的是要向对方表达自己的善意，打开对方的心扉。这样做利于情感垃圾的清除，也利于自己心灵的解脱。

多多积累美好的情感

人的情感空间是有限的：如果你留出过多的空间，那么情感垃圾很容易就堆积进来；如果你心中存放了很多美好的情感，那么情感垃圾就无从进入。

当我们又一次和恋人吵架时，不妨多想想对方当初给自己的美好回忆，让负面情绪无法侵入。

人行走于世，心灵难免在红尘俗世中遭尘埃污浊。一旦心惹尘埃，人生之路就会坎坷不平。此时，不妨扫一扫心底，扔掉那些已经成为垃圾的情感，还自己一颗纯净的初心，还自己一个平坦宽广的人生大道。

情绪选择：让积极情绪成为性格的一部分

任何时候都要看到希望

生命对于每个人只有一次。有的年轻人因为一句话或一些不如意的事情就产生轻生的念头。还有的是在工作与事业上受到挫折而心灰意冷，没有勇气活下去。

李大钊说："求乐的人生观，才是自然的人生观、真实的人生观。"

约翰是一家公司的销售主管，他的心情总是很好。当有人问他近况如何时，他回答："我快乐无比。"

如果哪位同事心情不好，他就会告诉对方怎么去欣赏事物好的一面。他说："每天早上，我一醒来就对自己说，约翰，你今天有两种选择：你可以选择心情愉快，也可以选择心情不好。我选择心情愉快。每次有坏事情发生，我可以选择成为一个受害者，也可以选择从中学些东西。我选择后者。人生就是选择，你要学会选择如何去面对各种处境。归根结底，由你自己来选择如何面对人生。"

有一天，他被三个持枪的歹徒拦住了，歹徒朝他开了枪。

幸运的是发现较早，约翰被送进了急诊室。经过 18 个小时的抢救和几个星期的精心治疗，约翰出院了，只是仍有小部分弹片留在他体内。

六个月后，他的一位朋友见到了他。朋友问他近况如何，他说："我快乐无比。想不想看看我的伤疤？"朋友看了伤疤，接着询问当时他想了些什么。约翰答道："当我躺在地上时，我对自己说有两个选择：一个是死，一个是活。我选择了活。医护人员都很好，他们告诉我，我会好的。但在他们把我推进急诊室后，我从他们的眼神中读到了'他是个死人'。我知道我需要采取一些行动。"

"你采取了什么行动？"朋友问。

约翰说："有个护士大声问我对什么东西过敏。我马上答'有的'。这时，所有的医生、护士都停下来等我说下去。我深深吸了一口气，然后大声吼道：'子弹！'在一片大笑声中，我又说道：'请把我当活人来医，而不是死人。'"

约翰就这样活下来了。

我们无法做到事事顺心，但只有在逆境中积极乐观的人，生活才会充满阳光，才会活得轻松、惬意。

　　杂志撰稿人鲁斯知道自己身患重病是在五年前。当时，他去买人寿保险，做心电图发现冠状动脉有阻塞症状之后遭到保险公司的拒绝。保险公司的医生说，他必须辞掉杂志撰稿人的工作，也不能参加任何体育活动。那时，他才37岁。

　　鲁斯在遵循医嘱的前提下，下决心找另外的办法活下去，他想通过锻炼保持心脏的健康。同时，他又为自己制订了一个大胆的治疗方案。他对自己实行一种"幽默疗法"——连着看大量的喜剧片，读著名作家写的滑稽作品。他后来说："我很高兴地发现，捧腹大笑10分钟就能起到麻醉作用，使我至少能够不觉得疼痛地睡上两个小时。"

　　到现在，五年过去了，他还健康地活着。

　　鲁斯现在认为，紧张和压力的消极力量会使身体虚弱，而快乐、信心、欢笑、希望等积极乐观的力量会使身体强壮。"倘若说我们战胜沮丧的乐观情绪的力量不能在身体里引起生物化学上的积极变化，我是绝不相信的。"鲁斯说，"我们能够想办法让自己活下去。每当犯病到了医院的时候，院长和治疗心脏病的专家都在等着我。我说：'没事，各位别紧张。我希望你们了解，我是到你们医院来过的最顽强的病人。'"

　　鲁斯从经验当中得出一个信念：乐观的心情比药物还有用。他说，这一点应当引起医疗专家的重视。"如果乐观情绪本身能够起到治疗作用的话，就不应该被忽略，而要当成所有疗法的一个组成部分。"

情绪是一种力量，源于人的内心。它不仅仅能帮助你建立一个好的心态，它甚至可以挽救你的生命。

变被动为主动

学会主动，就等于抓住了先机。

在波涛汹涌的大海中，有一艘船在波峰浪谷里颠簸。一位年轻的水手爬向高处去调整风帆的方向。他向上爬时犯了一个错误——低头向下看了一眼。

浪高风急顿时使他恐惧，他的腿开始发抖，身体失去了平衡。这时，一位老水手在下面喊："向上看，孩子，向上看！"这个年轻的水手按他说的去做，重新获得了平衡，终于将风帆调好。船驶向了预定的航线，躲过了一场灭顶的灾难。

不要被动地接受外界给你带来的压力，要学会主动反击。这样，你就会发现很多事情都会有转机。换个角度，寻找对自己最有利的一面，从多个角度去分析事物、看待事物。换个角度，就是多给自己信心，多为自己创造机会。

在职业生涯中，我们的每一步都是组织上安排的，自己并没有什么自主权；但在每一个岗位上，我们都有自己的选择，那就是要比别人做得更好。

大学毕业那年，任小萍被分到英国大使馆做接线员。在很多人眼里，接线员是一个很没出息的工作，但任小萍在这个普通的工作岗位上做出了不平凡的业绩。她把使馆所有人的名字、电话、工作范围甚至连他们家属的名字都背得滚瓜烂熟。当有些打电话的人不知道该找谁时，她就会多问几句，尽量帮他们准确地找到要找的人。慢慢地，使馆人员有事外出时并不告诉他们的翻译，只是给她打电话，告诉她谁会来电话、请转告什么，等等。不久，他们有很多公事、私事也开始委托她通知，她成了全面负责的留言点、大秘书。

我们无法选择最开始的路，但我们可以选择怎样行走。

主动是一种姿态，表明我们积极对待问题的态度；主动也是一种高度合作的模式，帮助我们成为别人喜欢的合作伙伴；主动是一种很好的学习模式，让我们在不断的进取中塑造新能力；主动也是一种挑战，使得自己有更明确的责任去整合资源、实现承诺。因此，主动往往是领导者或者魅力者的基本条件之一。

幽默，情绪中的"开心果"

　　生活中需要幽默。幽默是高情商的表现，更是管理自我情绪应具备的心态。幽默，是情绪的开心果；幽默，可缓解矛盾，调节心情，促使心理处于相对平衡状态。著名的喜剧大师卓别林曾说："通过幽默，我们在貌似正常的现象中看出了不正常的现象，在貌似重要的事物中看出了不重要的事物。"

　　生活中的你，是整天一副严肃的表情，还是常能于妙趣横生中化干戈为玉帛呢？幽默并不仅仅是单纯说笑，它还是一种智慧的迸发、善良的表达，是交往的润滑剂，更是一种胸怀和境界。幽默不仅能增进友谊，更能消除误解。幽默就像阳光一样，让这个世界变得温暖明媚。

　　幽默的方式方法有多种，从其性质来看，有滑稽的，有荒谬的，有协调的，有出人意料的，有戏谑、诙谐、反讽、挖苦等。需要强调的是，运用幽默时，要考虑场合和对象。一般情况下，在日常社交场合中，可多用幽默；在学术性或政治性交往活动中则要慎用幽默（应注意不适当的幽默会削弱听众对主题的注意）；对待敌人、恶人则要用讽刺性幽默。

一位年轻的画家拜访德国著名的画家阿道夫·门采尔，向他诉苦说："我真不明白，为什么我画一幅画只用一会儿工夫，可卖出去却要整整一年。""请倒过来试试吧，亲爱的。"门采尔认真地说，"要是你花一年的工夫去画它，那么只用一天，准能卖掉它。"画家笑了。

门采尔对画家所说的话不仅幽默中蕴涵深刻的哲理，更让人们在笑声中增长智慧。

幽默在日常生活中充当着调味剂，让生活更加有滋有味。它使严肃、紧张的气氛顿时变得轻松、活泼，让人感受到说话人的温厚和善意，使其观点变得更容易让人接受。

真正的幽默是充满智慧的。在日常生活中，有人向我们提一些非分的请求，或是问一些我们不好回答或暂时不知道答案的问题。我们如果直接表示"不满意""不可能"或"无可奉告""不知道"，往往会给彼此带来不快。如果想从窘境中脱身，不妨借用幽默的力量。

有一次，萧伯纳为庆贺自己的新剧本演出，特发电报邀请丘吉尔看戏："今特为阁下预留戏票数张，敬请光临指教，并欢迎你带友人来——如果你还有朋友。"丘吉尔看到后立即复电："本人因故不能参加首场公演，拟参加第二场公演——如果你的剧本能公演两场。"丘吉尔善用幽默的特点由此可见一斑。

不仅在生活中如此，即便是在政治上，丘吉尔也能够将这种智慧应用自如。丘吉尔有一个习惯，洗澡后裸着身体在浴室里来回踱步，以休息。

第二次世界大战期间，一次，丘吉尔来到白宫，要求美国给予军事援助。当他正在白宫的浴室里光着身子踱步时，有人敲浴室的门。"进来吧，进来吧。"他大声喊道。

门一打开，出现在门口的是罗斯福。他看到丘吉尔一丝不挂，便转身想退出去。"进来吧，总统先生。"丘吉尔伸出双臂，大声呼喊，"大不列颠的首相是没有什么东西需要对美国总统隐瞒的。"看到此景的罗斯福朗声一笑，被丘吉尔的机智幽默所折服。

就是通过这样直白坦率而又幽默的方式，丘吉尔最终赢得了美国总统的信任，让美国和英国结成了同盟，从而帮助自己的国家走出了困境。

然而，幽默并非天生就有，需要自己用心培养。幽默不是油腔滑调，也非嘲笑或讽刺。正如名人所言：浮躁难以幽默，装腔作势难以幽默，钻牛角尖难以幽默，捉襟见肘难以幽默，迟钝笨拙难以幽默，只有从容、平等待人、超脱、游刃有余、智慧，才能幽默。

向责难你的人说"谢谢"

人不能总停留在原地,而是要努力向前。感谢折磨你的人,这样你会成长得更快。

一朵美丽的花,如果你不能以美好的心情去欣赏,那它在你的心中和眼里将如你的心情一般灰暗和没有生机。

第二次世界大战期间,丹尼尔为了躲避战争逃到了瑞典。身无分文的他很需要一份工作。由于他能说并能写好几国的语言文字,所以他希望在一家进出口公司当秘书。可是,绝大多数的公司都回信拒绝了他。甚至一家公司在写给丹尼尔的信上说:"你对我生意的了解完全错误。你既蠢又笨,我根本不需要任何替我写信的秘书。即使我需要,也不会请你,因为你连瑞典文也写不好,信里全是错字。"

当丹尼尔看到这封信的时候,要气疯了。于是,他也写了一封措辞激烈的信回敬该公司。但是在把那封信寄出去之前他又仔细考虑了一番,心想:"瑞典文并不是我家乡的语言,也许我确实犯了很多我并不知道的错误。如果是那样的话,我想要得到一份工作,就必须再努力地学习。此人可能帮了我一个大忙，虽然他本意并非如此。他用这种难听的话来表达他的意见，并不表示我就不亏欠他，我应该写信感谢他一番。"

于是，丹尼尔另外写了一封信说："你这样不嫌麻烦地写信给我实在是太好了，尤其是你并不需要一位替你写信的秘书。对于我把贵公司的业务弄错的事我觉得非常抱歉。我之所以写信给你，是因为我向别人打听，而别人把你介绍给我，说你是这一行的领导人物。我并不知道我的信上有很多语法上的错误，我觉得很惭愧，也很难过。我现在打算更努力地去学习瑞典文，以改正我的错误，谢谢你帮助我走上改进之路。"几天后，丹尼尔就收到了那个人的信，请丹尼尔去看他，丹尼尔因此得到了一份工作，丹尼尔由此发现"温和的回答能带来好运"。

故事中的丹尼尔正是控制住了自己不好的情绪，对事情做出分析，在明白原委之后，找到了正确的解决方式，不但化解了不良情绪，也为自己争取到了一个难能可贵的机会。

真诚地向责难你的人说"谢谢"，不但是宽大胸怀的表现，也是一个人成熟理智的体现。愤怒只会让事情变得更糟；温和对待，坏事也可以变成好事。

警惕情绪污染

现代社会信息交流快捷，人际交往频繁，环境对人的影响很大，情绪会相互传染，尤其是在家庭成员之间。

情绪有好有坏，传染的效果也有正有负。良好的情绪会带来健康、轻松、愉悦的气氛；坏情绪会造成紧张、压抑甚至剑拔弩张的气氛。情绪污染是指后一种。为此，人们应该像重视环境污染一样，重视情绪污染。

要防止情绪污染，首先要尽量做到不将坏情绪传播给家人、朋友、同事，不传播给社会。其次，要学会和提高调整情绪的技巧，遇到烦恼、挫折要善于化解，增强心理承受力。切忌把不良情绪带回家，一旦家庭成员情绪不佳，要及时疏导化解。

将一个乐观开朗的人和一个整天愁眉苦脸、抑郁难解的人放在一起，不到半小时，乐观的人也会变得郁郁寡欢——悲观者的坏情绪污染了他。情绪具有极强的感染力，及时调整好自己的情绪，不要让坏情绪到处去"惹祸"了。

其实，在情绪传染链里，只要中间的某个人可以控制住自己的情绪，这个恶性循环就不会再维持下去。

良好的情绪会带给周围人无尽的欢乐。比如某小区的物业人员总是真诚、友善地和你道一句"你好""再见"。你本来因忙碌而觉得心烦，但一听到他人的问候、看到他人的笑脸，你的内心也会绽放出一朵花来。如果是坏情绪的传染，有时会带来毁灭性的灾难。

俄亥俄州立大学社会心理生理学家约翰·卡西波指出，人际关系互动顺利与否，取决于情绪的模仿与协调作用。

情绪的交流往往细微到无法察觉。专家做过一个简单的实验：请两个实验者写出当时的心情，然后请他们相对静坐等候研究人员到来。两分钟后，研究人员来了，请他们再写出自己的心情。这两个实验者是经过特别挑选的——一个极善于表达情感，一个则是喜怒不形于色。实验结果，后者的情绪总是会受前者感染，每次都是如此。这种神奇的传递是如何发生的？

人们会在无意识中模仿他人的情感，诸如表情、手势、语调及其他非语言的形式，从而在心中重塑自己的情绪。这有点像导演所倡导的表演逼真法，要演员回忆产生某种强烈情感时的表情动作，以便唤起同样的情感。

研究发现，坏情绪的传染，就像一个圆圈，以最先情绪不佳者为中心，向四周荡漾开去。用心理学家的话说，"情绪病毒"就像瘟疫一样从这个人身上传播到另一个人身上，一传十、十传百，其传播速度有时要比有形的病毒和细菌的传染还要快。被传染者常常一触即发，越来越严重；有时还会在传染者身上潜伏下来，到一定的时期重新爆发。这种坏情绪污染给人造成的身心损害，绝不亚于病毒和细菌引起的疾病危害。

　　例如，你听同一首歌，在家听与到演唱会现场去听，结果肯定大相径庭——因为你在现场时情绪受到了爆发式感染。没有人是天生注定不幸福的，除非你自己关起心门，拒绝幸福之神来访。祝你成为那朵美丽的花！

第三章 ▷

不做情绪的奴隶，做自己的
心理医生

控制愤怒：不生气也是种本事

平和的心灵有助于平息愤怒情绪

生活中遇到不能容忍的事情，比如恶意的指控、无端的陷害、好心好意被人误解，等等。如果大动肝火只会让事情越来越不可收拾。

在 20 世纪 60 年代早期的美国，有一位很有才华、曾经做过大学校长的人竞选美国中西部某州的议会议员。此人资历很深，又精明能干、博学多识，看起来很有希望赢得选举的胜利。

但是，在选举的中期，有一个小谣言散布开来：三四年前，在该州首府举行的一次教育大会中，他跟一位年轻女教师有那么一点暧昧的行为。这实在是一个弥天大谎。这位候选人对此感到非常愤怒，并尽力想要为自己辩解。由于按捺不住对这一恶毒谣言的怒火，在以后的每次集会中，他都要站起来极力澄清事实，证明自己的清白。

其实，大部分的选民根本没有听说这件事。但是现在，人们却愈来愈相信有那么一回事，真是愈抹愈黑。公众振振有词地反问："如果你真是无辜的，为什么要百般狡辩呢？"如此火上加油，使这位候选人的情绪变得更坏，气急败坏、声嘶力竭地在各种场合为自己洗刷，谴责谣言的传播。然而，这却使更多的人对谣言信以为真。连他的太太也开始相信谣言，夫妻之间的亲密关系被破坏殆尽。最后他失败了，从此一蹶不振。

曾经在战场上所向披靡的拿破仑说过："我就是战胜不了我的脾气。"在怒火中烧，一触即发的时刻，更想想"脾气来了，福气就没了"的道理。

约翰·米尔顿说过这样一句话："一个人如果能够控制自己的激情、欲望和恐惧，那他就胜过国王。"是的，如果我们能控制住自己的情绪，事情就会有另外一种结果。

莱蒙是一个牛奶供应商。一天，店里的职员因为家里有事，需要请假，莱蒙只得自己负责外送牛奶。

忙碌了一天，莱蒙关上店门刚要离开，突然接到一个电话。电话是附近公寓的客人打来的，说要一箱巧克力味的牛奶，问还能不能送。莱蒙心想反正也没什么事，就答应了。

这是一栋老式公寓，没有电梯。莱蒙扛着一箱牛奶爬了六层楼，气喘吁吁地按响了客人家的门铃。开门的是一位老妇人。老妇人看着莱蒙问道："你来这里做什么呢？"莱蒙看了看手表，笑容可掬地回答："送牛奶，你在二十分钟前订了一箱巧克力味的牛奶。""哦，年轻人，你肯定是弄错了，我没有订过牛奶。"老妇人很肯定地回答。

莱蒙有些糊涂了，但他确信自己并没有记错，于是向老妇人说了一下具体地址，老妇人肯定了地址是没错，但是就是坚持说自己没要牛奶。莱蒙没有办法，觉得没有必要和老人家争辩，于是道了歉离开。

刚下楼，莱蒙的电话又响了，还是刚才的那个电话，还是要巧克力味的牛奶。这次，莱蒙很仔细地再三确定了客人的地址。他问道："请问您是布里特太太吗？""是的，我是。""那好，我现在马上给您送过去。"莱蒙挂了电话又一层一层地爬到了六楼。此时，他的衣服都已经被汗水浸透了。

莱蒙很有礼貌地按响了同一个门铃。老妇人笑着打开了门，说道："年轻人，我就是布里特太太，谢谢你肯再跑一趟。"

莱蒙并没有追究那个"再"字，而是很真诚地说道："应该的，是我的原因——如果我再确认一下，可能您就记起来了。不好意思，让您又打了一遍电话，还等了这么久。"

布里特太太感动极了，她说："我之前订过其他家的牛奶，他们都是来了一次就不愿再来了，因为楼层太高，实在是不方便。我刚才是为了考验一下你，请不要介意。"

莱蒙听了，立刻谅解了老人。他说："请您放心，我一定随叫随到。如果您一时间喝不了这么多，我可以分几次给您送。"

就是因为莱蒙的这句话，整个老年公寓的牛奶都由莱蒙专供了，盈利十分可观。

能够控制情绪是人与动物的最大区别之一。只要懂得克制，脾气这匹烈马就会被紧紧牵住，无法脱缰。然而，克制是治标不治本的，只有平和才是脾气最好的转换器。

学会调节自己的情绪，不要等一切都无法挽回的时候，再懊恼自己当时的所作所为。

愤怒，是安宁生活的阴影

有一个重要的谈判正在等着你，可交通比平时还要拥挤，车子几乎走不动。你连等了六个红绿灯。终于，你要开过去了，突然一辆卡车闯到你的前面。你狂按喇叭，那个司机回敬你一丝嘲笑，然后加大油门，飞驰而去。

在超市排队结账时，一个女顾客推着装得满满的购物车插队在你前面。你跟她理论，她却对你不理不睬。紧接着，她强壮的男朋友出现了。

你为一个至关重要的项目辛苦了几个月，而你懒散的同事却得到了升职；你的同事不仅没有对你表示感谢，还在背后嘲笑你。

这些情况一定让你大为火光，愤怒的情绪会严重影响到你的生活。

发脾气是最好的发泄方式，如果事情一直憋在心里，很容易憋出病来。宣泄出去，心里就得到了放松，情绪上也会趋向平稳。可是这样的认知是片面的。因为我们每个人都相互影响：一个人的怒火在发脾气中得到了释放，其他人却受了这种不良情绪的影响。如果每个人都选择用发脾气的方式来宣泄自己，那么这个世界恐怕再无和平和安宁。

一个老板因急于赶时间去公司，闯了两个红灯，被警察扣了驾驶执照。他感到十分沮丧和愤怒。他抱怨说："今天真倒霉！"

到了办公室，他把秘书叫进来问道："我给你的那五封信打印好了没有？"她回答说："没有。我……"

老板立刻火冒三丈，指责秘书说："不要找任何借口！我要你赶快打印好这些信。如果你办不到，我就交给别人。虽然你在这儿干了三年，但并不表示你将终生受雇！"

秘书用力关上老板的门出来，抱怨说："真是糟透了！三年来，我一直尽力做好这份工作，经常加班加点。现在就因为我无法同时做好两件事，就恐吓要辞退我，真是过分！"

秘书回家后仍然很生气。她进了屋，看到八岁的孩子正躺着看电视，短裤上破了一个大洞。愤怒之下，她嚷道："我告诉你多少次了，放学后不要到处乱跑，你就是不听。现在你给我回房间去，晚饭也别吃了。以后三个星期内不准你看电视！"

儿子一边走出客厅一边说："真是莫名其妙！妈妈也不给我机会解释到底发生了什么事，就冲我发火。"就在这时，他的猫走到面前。小孩狠狠地踢了猫一脚，骂道："给我滚出去！你这只该死的臭猫！"

从这个故事中我们看出，本来是一个人的愤怒，经过了多番传递，最后竟然将怒气转嫁到了猫的身上。这只猫没有办法像人类一样发泄自己的不满，否则这样的情绪传递估计就没有尽头了。所以，在面对自己的不良情绪时，要尽可能地想办法控制，而不是直接发泄出去。

当然，这里说的"控制"，不是说让你什么事情都不说，什么委屈都不去反抗，而是要将大事化小，小事化无。

放下心中的怒火，给别人一片安宁。这样，我们也能从别人那里得到安宁。

冲动，是幸福的刽子手

冲动是一种突发的，很难控制的情绪。尽管如此，你也要牢牢控制住它。否则，贻害无穷。

有一个富人脾气很暴躁，常常得罪人，而事后又懊恼不已，所以一直想将这暴躁的坏脾气改掉。后来，他决定好好修行，改变自己，于是花了许多钱，盖了一座庙，并且特地找人在庙门口写上"百忍寺"三个大字。

这个人为了显示自己修行的诚心，每天都站在庙门口，一一向前来参拜的香客说明自己改过向善的心意。香客们听了他的说明，都十分钦佩他的用心良苦，也纷纷称赞他改变自己的决心。

这一天，当他一如既往地站在庙门口，向香客解释他建造百忍寺的意义时，其中一位年纪大的香客因为不认识字，向这个修行者询问牌匾上到底写了些什么。修行者回答香客，牌匾上写的三个字是"百忍寺"。香客没听清楚，于是又问了一次。这次，修行者有些不耐烦地又回答了一遍。等到香客问第三次时，修行者已经按捺不住，很生气地回答："你是聋子啊？跟你说上面写的是'百忍寺',你难道听不懂吗?"

香客听了,笑着说:"你才说了三遍就忍受不了了,还建什么'百忍寺'呢?"

修行者无语。

修行者修的是心宁性平和,首要就要会忍。连最基本的容忍都做不到,又如何修行? 在日常生活中要懂得"冲动是魔鬼"。日常生活中,许多人都会在情绪冲动时做出令自己后悔不已的事情来。学会有效管理和调控情绪,是一个人走向成熟的标志,也是职场上迈向成功的重要基础。

业绩优秀的员工和业绩一般的员工,在"情绪控制能力"方面有明显差异。心理特征对一个人能否胜任某一岗位甚至起决定性作用。近两年,美国心理学界也在进行相关的"情绪管理"研究。研究表明,能够控制情绪是大多数工作的一项基本要求,尤其在管理、服务行业更是如此。同样,在中国这样一个自古讲究"君子之交"的社会中,学会自我调节,是保持良好人际关系,获取成功的一个重要条件。

《黄帝内经》中说,人有七情六欲,喜伤心,怒伤肝,忧伤肺,思伤脾,恐伤肾。可见,情绪反应是正常的行为,但用情过度却会伤害身体。因此,应该采取一些积极有效的措施来控制自己冲动的情绪。

　　首先，调动理智控制自己的情绪。在遇到较强的情绪刺激时强迫自己冷静下来，迅速分析一下事情的前因后果，再采取表达情绪或消除冲动的"缓兵之计"，尽量不使自己陷入冲动鲁莽、简单轻率的被动局面。比如，当你被别人讽刺、嘲笑时，如果你顿显暴怒，反唇相讥，则很可能引起双方争执不下，怒火越烧越旺。但如果此时你能提醒自己冷静一下，采取理智的对策，如用沉默以示抗议，或只用寥寥数语正面表达自己受到的伤害，指责对方无聊，对方反而会感到尴尬。

　　其次，用暗示、转移注意法。使自己生气的事，一般都是触动了自己的尊严或切身利益，很难一下子冷静下来。所以，当你察觉到自己的情绪非常激动，眼看要控制不住时，可以及时采取暗示、转移注意力等方法自我放松，鼓励自己克制冲动。言语暗示如"不要做冲动的牺牲品""过一会儿再来应付这件事没什么大不了的"等，或转而做一些简单的事情，或去一个安静平和的环境，这些都很有效。人的情绪往往只需要几秒钟、几分钟就可以平息下来，但如果不良情绪不能及时转移，只会更加强烈。忧愁者越是朝忧愁方面想，就越感到自己有许多值得忧虑的理由；发怒者越是想着发怒的事情，就越觉得自己发怒完全应该。根据现代生理学的研究，人在遇到不满、恼怒、伤心的事情时，会将不愉快的信息传入大脑，逐渐形成神经系统的暂时性联系，形成一个优势中心，而且越想越巩固，日益加重；如果马上转移，想高兴的事，向大脑传送愉快的信息，争取建立愉快的兴奋中心，就会有效地抵御、避免不良情绪。

最后，在冷静下来后，思考更好的解决方法处理矛盾。

学会了控制自己的情绪，就掌握了自己的命运，就能成为成功人士！

不要被怒火冲昏头脑

常言道：忍一时，风平浪静；退一步，海阔天空。不必为一些小事而斤斤计较。我们不提倡无原则的让步，但也不要去"火上浇油"，那只会使事情更糟。

有一家电脑公司，赶了一批货交给一家新开发的客户。交货之后，却迟迟不见客户将货款汇来。等了两个星期后，老板亲自到客户的公司拜访。老板在该公司等了很长一段时间之后，得到一张可立即兑现的现金支票。

老板拿着现金支票赶到银行，但是柜台小姐告诉他，这个账户内的存款不足，他的支票根本无法兑现。老板明白是那个客户故意要诈，想刁难他，原本他想立刻冲回客户的公司和他大吵一架。但是，这个老板一向秉持着"和气生财"的经营原则，于是他压下自己的怒气，向银行的柜台小姐询问这张支票之所以无法兑现，到底差了多少钱。由于老板的态度很诚恳，柜台小姐也很热心地帮他查询。查询的结果是，户头内只剩下98000元，跟他的支票金额只差2000元。

正如老板所料，这个客户是存心和他过不去。老板灵机一动，从身上拿出2000元，请柜台小姐帮他存到客户的账号里，补足支票的面额10万元后，再将支票放进去。这样，他就顺利地领到货款了。

这位老板完全可以理直气壮、怒气冲冲地跑到客户的公司去抱怨，但是他没有这么做。因为他知道，这么做，不但浪费自己的时间，而且会永远失去这个客户，所以他把时间花在解决问题上，用理智而不是情绪去处理问题。

想要更好地控制自己的情绪，可以从以下几个方面入手：

1. 深呼吸

从生理上看，愤怒需要消耗大量的能量，此时你的头脑处于一种极度兴奋的状态，心跳加快，血液流动加速——这一切都要有大量的氧气补充。深呼吸后，氧气的补充会使你的躯体处于一种平衡的状态，情绪会得到一定程度的抑制。虽然你仍然处于兴奋状态，但你已有了一定的自控能力，数次深呼吸可使你逐渐平静下来。

2. 理智分析

在你将要发怒时，心里快速想一下：对方的目的何在？他也许是无意间说错了话，也许是存心想激怒别人。无论哪种情况，你都不能发怒。如果是前者，发怒会使你失去一位好朋友；如果是后者，发怒正是对方所希望的，他就是要故意毁坏你的形象。你偏不能让他得逞！这样稍加分析，你就会很快控制住自己。

3. 寻找共同点

虽然对方在这个问题上与你意见不同，但在其他方面你们是有共同点的。你们可搁置争议，先就共同点进行合作。

4. 回想美好时光

想一想你们过去亲密合作时的愉快时光，也可回忆自己的得意之事，使心情放松下来。展开冥想，广阔的大海、飞翔的白鸽……人也应该有那样的博大胸怀，不能执着于蝇头小利……想到这些，你就能克制自己的怒气了。

在怒火中放纵，无异于燃烧自己的生命。耗费时间和精力去生气，是真正的愚行。多一点豁达，多一点宽容，多一点感悟，多一点理性，愤怒的情绪便会像一杯浑浊的水，沉淀过滤，复归清明。

清除焦虑：你担心的事九成都不会发生

产生焦虑情绪的原因

如果一个人乘坐的汽车突然发生车祸，虽然侥幸没有受伤，但事后一想到这件事，心里就发抖，这就是人们常说的"后怕"，也是焦虑的一种。一个人面临会见重要人物、登台表演、等待可能来的空袭警报时都可能产生焦虑。

焦虑过度的人们会有一种说不出的紧张与恐惧，难以忍受的不适感，主观感觉多为心悸、心慌、忧虑、担心、愣神、沮丧、灰心、自卑。自己无力克服，整日忧心忡忡，甚至还会担心自己精神错乱，表现为整天愁眉不展、神色抑郁、面孔紧绷，似乎有无限的忧伤与哀愁，记忆力衰退、兴趣索然、注意力涣散。在行为方面，常常坐立不安，走来走去，抓耳挠腮，不能安静下来。

人们为什么有如此多的焦虑？从自然界、社会、人的心理和认识活动以及人体特征来分析，这些因素可以概括为：

1. 在工作、生活健康方面均追求完美

稍不如意，就心烦意乱，长吁短叹，惶惶不可终日。须知，世间只有相对完美，绝无绝对完美；世界及个体就是在不断纠正不足，追求真善美中前进。"知足常乐""随遇而安"——不要把生命之弦拉得太紧。

2. 没有迎接人生苦难的思想准备，总希望一帆风顺

宇宙的自然规律都充满了矛盾。人一降临人间，就会面临各种各样的磨难。没有迎接苦难思想准备的人，一遇到困难，就会惊慌失措，怨天尤人，大有活不下去之感。"吃得苦中苦，才能甜上甜"——要学会解决矛盾并善于适应困境。

3. 意外的天灾人祸

一遇到破产、毁灭或死亡等就紧张、焦虑，或绝望，感觉一切都完了。昂起头，努力前进，忍耐下去，一定会"山重水复疑无路，柳暗花明又一村"，出现"绝处逢生"的局面。有时乍看起来是件祸事，过后说不定又是一件好事。"祸兮福所倚，福兮祸所伏"——好与坏、幸福与不幸的辩证关系随处可见。

4. 神经质人格

这类人的心理素质差，对任何刺激均敏感，一触即发，对刺激做出过强的反应。这类人承受挫折的能力差，自我防御本能过强，甚至无病呻吟，杞人忧天。他们眼中的世界，无处不是

陷阱，无处不充满危险。他们整日提心吊胆、脸红筋胀、疑神疑鬼，如此心态，怎能不焦虑。

多休息。让自己保持心境平和，并多与他人沟通，会有效缓解神经性焦虑。

学会给自己减压

一位大企业的销售部经理，能力极强，也能适应高强度的工作。然而，他老担心出现泡沫经济，担心优越的地位、收入将化为乌有；又担心自己已步入中年，那么多后生、小辈、新秀都生机勃勃，怎么保住自己的宝座啊？他整天忧心忡忡，似乎世界末日即将来临。

一名成绩平平的中学生，由于高考压力、早恋等，觉得自己快要垮了。他在日记中写道："人为什么要活着，活着能不能为自己……活着是为了别人……"

这些例子里的主人公都是低情商者。他们给自己压力使自己痛苦。要学会随时给自己减压，人生才能真正轻松。

一个小女孩趴在窗台上，看窗外的人正埋葬她心爱的小狗，不禁泪流满面，悲痛不已。她的外祖父见状，连忙引她到另一个窗口，让她欣赏他的玫瑰花园。果然小女孩的心情顿时明朗。

老人托起外孙女的下巴说:"孩子,你开错了窗户。"

压力大、情绪低落,是因为你看到的都是压力和负面的东西。换一种思路,变一种视角,就会发现,原来压力都是自己虚造的。

事实上,我们倾向于夸大我们所承受的压力又在无形中给自己增加压力。

一位学者说:"当压力来临时,懂得减压的人才是高情商的人。"因此,要正确地看待压力。有很多人面对压力时不是迎难而上,而是闹起了情绪,向别人抱怨、整天闷闷不乐。这无任何益处。你完全可以控制自己的情绪,把不必要的想法放在一边,集中精力做重要的事情,一点一点地解决问题。做好自我调节,适当减压,摆正自己的位置,不过高要求自己,也不低估自己的能力,放宽心,多运动,就可以轻松生活。以下介绍几种减压的方法:

1. 音乐治疗

音乐具有安定情绪和抚慰的功效。要想尽情地发泄一番,那就听一听摇滚乐吧!想厘清一下思绪,那就听听古典音乐吧!

2. 影视治疗

看电影也是一个很不错的减压方法。有空去电影院看电影是一个很好的选择。委屈没有地方可以发泄，选一部悲剧片来看吧；在心情烦躁时去看一些喜剧片，"笑一笑，十年少"，压力，在笑声中会消失不见！

3. 户外活动

郊外活动约上三两知己，一边互谈人生，大吐工作中的苦水，一边尽情地享受户外清新的空气和美丽的田园景色。让该死的压力滚到一边去吧。

4. 养宠物

让一只可爱的宠物陪伴你忘却压力，也是个不错的方法。不过，对某些人来说，养小猫小狗本身就是一种压力。如果你不喜欢猫狗，也可以试着养金鱼，仅仅是看着鱼在水草中游动，也能使人放松和减轻压力。

5. 开怀大笑

大笑会使人心脏、血压和肌肉的紧张感得到舒缓，从而分散压力。科学家发现，大笑具有与有氧健身法相同的功效。当人们笑的时候，其心跳、血压和肌肉的紧张度都明显上升，接着会降至原先的水平之下。不要犹豫，笑会使人更加放松。

压力不是一种客观事实，而是一个主观感受。相同的事在不同的人眼中，会产生完全不同的感受。同样的事在同一个人身上，也会随着环境、时间转变，而产生不同程度的压力。例如你第一次参加面试时，会紧张得喘不过气来；但当第十次、第二十次时，你不费吹灰之力就可以轻松应对了。

正确面对压力，了解自己的需要和能力，控制压力，让压力转化为动力。

富兰克林·费尔德说过："成功与失败的分水岭可以用五个字来表达——我没有时间。"面对繁重的工作任务感到特别紧张和压抑的时候，抽一点时间出去散心、休息，直至感到心情比较轻松后，再回到工作中来，这时你会发现工作效率特别高。紧张过度，不仅会导致严重的精神疾病，还会使美好的人生变得阴暗。舒缓紧张的情绪，放松心灵之弦，才能在人生的道路上踏歌而行。

把焦虑情绪打包寄出去

形形色色的焦虑充斥着人们的生活，不胜枚举。它们像细菌一样侵蚀人们的灵魂和肌体，妨碍人们的正常生活，影响人们的身心健康。走向新生活，应该从拒绝焦虑开始。

古时候，残忍的将军要折磨俘虏时，常常把俘虏的手脚绑起来，放在一个不停往下滴水的袋子下面，水滴着……滴着……夜以继日，最后，这些不停滴落在头上的水，变成好像是用槌子敲击的声音，使俘虏精神失常。这种折磨人的方法，以前西班牙宗教法庭和希特勒手下的纳粹集中营都曾经使用过。

焦虑就像不停往下滴的水。而那不停地往下滴的焦虑，使人心神丧失，人生灰暗。

刘宋玲退休后不久，就陷入饥饿感中。"感到饿就吃，才吃一点马上就不饿了；过一会儿，又感到饿。"

刘宋玲说，随着时间的推移，饥饿的频率和强度不断加强。"吃完饭不到两个小时，又饿得心慌；一听到别人说饿，马上就觉得自己腹中空空；就是晚上，也要爬起来吃上三四顿饭。"刘宋玲痛苦极了。

刘宋玲四处求医，有医生认为她患了胃溃疡，但检查结果是一切正常。日子一天天过去，刘宋玲的饥饿感越来越强烈，已经达到了只要别人一说"饿"字，她就会焦虑得"头发都竖立起来"的程度。她到心理医生那里看病时，还随身携带了大量的方便食品，只要一饿，马上就吃。这一天她吃了13顿饭。

经过心理专家诊断，刘宋玲患的是非常严重的焦虑障碍，主要表现在对"饿"很敏感，产生了焦虑心理。这也与她一饿就吃，一吃就饱，每次食量只有一点点有关。

确诊后，心理卫生中心的专家用特殊方案对她进行治疗。一周后，刘宋玲的饥饿感不再那么强烈；两周后，饥饿感得到初步缓解；到了第三周，刘宋玲和"饥寒交迫"的日子彻底拜拜了。

有意思的是，我们担忧的事就算真的发生了，比预计的可怕要轻得多。所以，下决心与焦虑决裂吧。你会获得一种全新的感受。

警惕社交焦虑症

患有社交焦虑症的人，对任何社交或公开场合都会感到恐惧和忧虑。患者对于在陌生人面前或被别人仔细观察的社交以及表演场合，有一种显著且持久的恐惧，害怕自己的行为或表现会引起羞辱或难堪。有些患者对参加聚会、打电话、购物或询问权威人士都感到艰难。

大多数人在见到陌生人时多少会觉得紧张。这是正常的反应。它可以提高我们的警惕性，有助于更快更好地了解对方。这种正常的紧张往往是短暂的，随着交往的加深，大多数人会逐渐放松，继而享受交往带来的乐趣。

然而，对于社交焦虑症患者来说，这种紧张不安和恐惧是一直存在的，而且不能通过任何方式得到缓解。每次与人交往时，紧张、恐惧远远超过了正常的程度，并表现为生理上的不适：干呕甚至呕吐。

一个不容忽视的方面是社交焦虑症的恶性循环。你和知情人可能会说："既然知道患有社交焦虑症，避免参加社交活动不就行了？"

这会造成一种恶性循环：害怕被人评价——缺乏社交技能——缺少社交强化——缺少社交经历——回避特定的场合——害怕被人评价。

由此可见，单纯回避可能进一步加重了社交焦虑症的症状，导致病情越来越恶化。

对于社交焦虑症患者来说，只有积极地治疗才是最佳办法。一方面加强社交技能的学习和强化，另一方面通过适当的药物治疗来帮助自己克服社交时由紧张、恐惧引起的身体不适，逐渐形成一个良性循环。对治疗，既不要急于求成，也不能自暴自弃。

进一步综合分析产生焦虑情绪的原因，无非是自卑心理，自我评价过低忽视了自己的优势和独特性。

例如，认为自己的表现不够出色，被别人"比了下去"丢了面子，于是就自惭形秽，产生羞耻感。这是焦虑陷阱之一。缺乏多元化的观念，以为事情做不好都是自己的责任。一个问题的解决，其实需要多方面的条件，有时是"有心栽花花不开"，反而"无心插柳柳成荫",但人们却常不能接受这样的现实,这是焦虑陷阱之二。认为努力与回报不平衡,便埋怨社会不公平,这是焦虑陷阱之三。实际上绝大多数人和事物都是不好不坏、有好有坏、时好时坏,多侧面的特征各有其特色,我们不能用同一标准去衡量。绝对化的评价方式,常常会导致自己总是否定自己,这是焦虑陷阱之四。

安抚焦虑情绪,有一句话非常有意义:"愿上天给我一颗平静的心,让我平静地接受不可改变的事情;给我一颗勇敢的心,让我有勇气改变可以改变的事情;给我一颗智慧的心,让我分辨两者!"能认清我们能改变和接受的东西,就可以减少焦虑情绪。

另外,出现焦虑情绪的时候,可以适当地做一些放松训练,如深呼吸、逐步肌肉放松法等。保持缓慢均匀的呼吸频率,如缓慢吸气,稍稍屏气,将空气深吸入肺部,然后缓缓地把气呼出来。在深呼吸时应该可以感受到自己胸腔和腹部的均匀起伏。逐步肌肉放松法主要采用渐进性肌肉放松,通过全身主要肌肉收缩——放松地反复交替训练,通常由面部开始,逐步放松,直至全身肌肉放松,最后达到心身放松的目的,并能够对身体各个器官的功能起到调整作用。

人类是地球上最高级的社会性动物。人群本身就是极其多样性和多元化的：每个人都有自己的"自我意象"，每个人的个性、能力、社会作用等，都是他人不可替代的。所以，要排除心理压力所造成的焦虑，就必须改变自己的想法、观念和生活。

消除迷惘，让情绪放松

如同惧怕失态一样，人们同样惧怕迷惘。人们喜欢一个黑白分明的世界，焦虑自己迷惘不清。

这种惧怕是与人早期的生活环境分不开的。环境迫使一个人决断主动，思维严谨，头脑清晰。而这样的人很难接受那些模棱两可的，矛盾中的事物。对他来说，不存在什么过渡区。例如，根据他对正义的传统观念，一个人不是清白无辜，便是罪责难逃，不可能会有什么情况夹在这二者之间。任何行为都应该是泾渭分明。

无法忍受迷惘与矛盾，人的情绪会受到直接影响。逐渐地，人变得刻板、僵硬。因此，我们要认清这个多重可能性世界，承认事物多面性，接受自己的不完美。迷惘时，放弃自己杂乱纠结的思想，睡一个好觉，太阳会照常升起来的。

化解抑郁：别让悲观和抑郁在心里"塞车"

抑郁，是心灵的枷锁

抑郁是对逆境的一种情绪反应。当我们感到被抛弃，当我们失去挚爱，当我们被羞辱被打击的时候，抑郁便悄然而至。

珍妮还记得中学时，学校组织冬令营活动，那个寒冷的冬夜，她和杰瑞进行了彻夜长谈。珍妮是个内向的女孩，她的朋友只有杰瑞一个，所以，她们的关系非常好。那一晚，她们聊了很多，谈亲情、谈爱情、谈学校的琐碎生活。

那次谈话一周后，珍妮举家搬迁，远离了故乡。她忘不了临别前杰瑞和她相拥痛哭的情景。她觉得自己这辈子再也找不到这样的朋友了。到了新环境的珍妮生活得并不快乐。她无法融入新的学校生活，陌生的环境、陌生的学校，让原本就内向的她更加的安静沉默。

这样低落的情绪时常烦扰她。她无法正常地和人交朋友，常常会陷入回忆，企图从往事中找出一点快乐。然而，她越是这样，内心的郁结就越深，以致她常常悲伤落泪。

其实，像珍妮这样的例子有很多。我们总是留恋美好的事物、温馨的回忆，因为从这些情景当中，我们很容易就能够找到安慰。但是，在我们寻找安慰的时候，悲观的情绪也随之衍生，进而困扰我们的生活。

我们可以尝试着"交心"。交心是指两个已有联系的人通过真诚地交往，逐步进展到交换情绪的过程。这意味着，两个人可以分享私密；可以不必隐藏或修饰，将自己最真的一面、最真实的感觉自由地表现出来，不管它是正面的或是负面的。

长期抑郁的患者所欠缺的，恰恰就是"交心"。

交心能满足人内心的深层渴望。只要打开心扉，那一直纠缠你的不满与挫折感将会烟消云散，你会感到生气勃勃、精力十足。

抑郁还是一种隔离。这种隔离改变了你对周围环境的正常感知。交心可以有效打破这种隔离状态。

抑郁使人总是自我责备、自我贬低，忍受环境压力，被动地接受随波逐流，在人生征程上没有理想与期待，只剩失望与沮丧，从而茫然无助，陷入深重的失落中而难以自拔，对一切都退缩回避。

只有只有勇于走出自己为自己设置的桎梏，敞开心灵，用心去接纳别人，与别人分享自己的快乐与忧伤，才能彻底摆脱抑郁。

控制思维，调动你的快乐情绪

哈佛大学教授威廉斯说："情感似乎指引着行动，但事实上，行动与情感是可以互相指引、互相合作的。快乐并非来自外界，而是来自内心。因此，当你不快乐的时候，你可以挺起胸膛，让自己快乐起来。"

一位著名的电视节目主持人，邀请了一位老人做他的节目特邀嘉宾。这位老人的确不同凡响。他讲话的内容完全是毫无准备的，也绝对没有预演过。

他的话把他映衬得魅力四射，不管他什么时候说什么话，听起来总是特别贴切，毫不做作，观众听着他幽默而略带诙谐的话语都笑弯了腰。主持人也显然对这位幽默开朗的老人印象极佳，和观众一起享受着老人带来的快乐。

最后，主持人禁不住问这位老人："您这么快乐，一定有什么特别的秘诀吧？"

"没有，"老人回答道，"我没有什么了不起的秘诀。我快乐的原因非常简单，每天当我起床的时候我有两个选择——快乐和不快乐。不管快乐与否，时间仍然会不停地流逝，我当然会选择快乐。如果要说秘诀的话，这就是我快乐的秘诀。"

　　老人的解释听起来似乎很简单，但是却包含着深刻的道理。记得林肯曾经说过："人们的快乐不过就和他们的决定一样罢了。"如果你想要不快乐，那么你可以告诉自己所有的事都不顺心，没有什么是令人满意的，这样，你肯定不快乐。如果你想要快乐，那就只管告诉自己："一切都进展顺利，生活过得很好，我选择快乐。"你的选择会变成现实。

　　"即使到了我生命的最后一天，我也要像太阳一样，总是面对着事物光明的一面。"诗人胡德说。

　　快乐是对自己的一种热爱，是幸福的必需品，是一种积极的心态，是一种心灵的满足。你选择快乐，快乐就会选择你。

　　快乐可使人健康长寿。"笑一笑，十年少"——良好的情绪则是心理健康的保证，会带来欢乐、高兴、喜悦，能使人心情舒畅、驱散疲劳，使人对未来充满信心，能承受生活中的种种压力。

　　快乐原本就很简单。孩子之所以很容易就能获得快乐，是因为他内心简单。简单地哭，简单地笑，简单地释放自我。而成人欠缺的就是这种简单。我们总会问："我要怎样才能得到快乐？""我要怎样才能获得幸福？"快乐和幸福本就在你的手上，没有人可以拿得走，只是我们错以为快乐和幸福不是那么简单就可以得到的。

忧郁情绪会给你制造假象

抑郁就好像透过一层黑色玻璃看一切事物,任何事物都处于暗淡的光线之下。情绪低落导致消极的思想。反之,消极的思想又导致情绪低落。如此反复下去,形成一个持久而日益严重的抑郁恶性循环。

吉姆从未被诊断为抑郁症,他甚至没有和医生谈起过自己那些消极的想法或者是经常感到低落的心情。他是成功人士,生活中的一切都很如意。他有什么资格对别人抱怨呢?他静静地坐在车里,试图去想自己的花园以及那些含苞待放的美丽的郁金香,但是这反而令他想起自己已经很久没有打理花园,要把院子弄整洁的活儿更令他头痛不已。

他想起孩子和妻子,想到晚餐时可以和他们聊聊天,但这个念头只会让他想早点上床睡觉。

昨晚睡觉前,他本来计划今天早点起床来完成昨天剩下的工作,可是他又起晚了。也许今晚他应该待在办公室,哪怕熬夜也要把所有的事情一次做完。

这样不安的情绪一直围绕着吉姆。吉姆不知道这些不良情绪是从哪里冒出来的，明明他觉得自己是幸福的、成功的，可是，他不快乐。

吉姆就是典型的抑郁症，会无缘无故地情绪低落，时常感到生命的空虚，感受不到幸福。这种特殊的心理屏障会改变他对周围环境的正常感觉。

关琳是机关的女职员。今年 27 岁的她长相甜美，工资待遇也很优厚，父母疼爱她。她在家里就像一位小公主，这么大了，还时常在父母面前撒娇。

但是关琳的性格很偏执，每隔一段时间，她就会莫名其妙地发脾气，情绪低落，有时一个星期都不和同事说一句话。父母了解，自然不会怪她，可是外面的人觉得关琳神经质，常常避而远之。

关琳很苦恼，她不知道自己为什么会这样。她没有朋友，郁闷的时候想找个人聊天都很难。她又不想跟父母说，觉得自己长大了，不应该再给父母添麻烦。一年前经人介绍和现在的老公结了婚，但两人感情基础不好，常为一些小事吵架。

因此，两年来她一直苦闷与忧郁，但又说不出什么原因，感到前途渺茫，一切都不顺心，想哭，但又哭不出来；即使是有喜事，关琳也毫无喜悦的心情；以前她喜欢的看电影、听音乐，现在也感到索然无味。

她苦于无法解脱，逐渐睡眠不好、总做噩梦、胃口差，甚至想过一死了之，但又下不了决心。

忧郁的人往往逃避问题或对问题过分执着，将其看得过于严重，给自己增加不必要的精神压力。

美国克莱斯勒公司的总经理凯勒说："要是我碰到很棘手的情况，只要想得出办法的，我就去做；要是干不成的，我就干脆把它忘了。我从来不为未来担心。因为，没有人能够知道未来会发生什么事情。影响未来的因素太多了，也没有人能说清这些影响都从何而来。所以，何必为它们担心呢？"

了解抑郁症状，找对方法消除抑郁

抑郁的三大主要症状是情绪低落、思维迟缓和运动抑制。

情绪低落就是高兴不起来，忧愁伤感，甚至悲观绝望。思维迟缓就是自觉脑子不好使，记不住事，思考问题困难。运动抑制就是不爱活动，浑身发懒，走路缓慢，言语少等。

抑郁的表现多种多样，同时具备以上三种典型症状的人并不多见。很多人只具备其中的一点或两点，严重程度也因人而异。心情压抑、焦虑、兴趣丧失、精力不足、悲观失望、自我评价过低等，都是抑郁的常见症状，有时很难与一般的短时间的心情不好区分开来。如果上述的不适在你早晨起来时严重，下午或晚上有部分缓解，那么，你抑郁的可能性就比较大了。

严重的抑郁会导致自杀。

自杀是抑郁症最危险的情况。社会自杀人群中可能有一半以上是抑郁症患者。有些不明原因的自杀者可能生前已患有严重的抑郁症，只不过没被及时发现罢了。由于自杀是在疾病发展到严重程度时才发生的，所以早发现，及早治疗，对抑郁症患者非常重要。现代人生活步调快，情绪的震荡加上人际关系的复杂化，极易陷入抑郁的恶性循环中，并引发失眠抑郁症等心理问题。

失眠抑郁症对人的身体影响丝毫不亚于精神折磨。因此很多病友都在急切地寻找治疗失眠抑郁症的见效最快最好的方法。

不同的人会表现出不同的抑郁状态。如果症状轻微，可以尝试自救。以下介绍14项规则，如果认真遵守，抑郁的症状便会很快减轻甚至消失：

（1）从稳定规律的生活中领略生活情趣。按时就餐，均衡饮食，避免吸烟、饮酒及滥用药物，有规律地安排户外运动，与人约会准时到达，保证8小时睡眠。

（2）注意自己的外在形象，保持居室干净整洁。

（3）即使心事重重、情绪低落，也要积极地工作，让自己阳光起来。

（4）对人对事宽容大度，少生闷气。

（5）不断学习，主动吸收新知识，尽可能接受和适应新的环境。

（6）树立挑战意识，学会主动解决矛盾，并相信自己会成功。

（7）遇事不慌，心情烦闷时更要注意自己的言行。

（8）抛弃冷漠和疏远的态度，积极地调动自己的热情。

（9）通过运动、冥想、瑜伽、按摩松弛身心。开阔视野，拓宽自己的兴趣范围。

（10）不要将自己的生活与他人进行比较，尤其是各方面都强于你的人，做好自己就行了。

（11）用心记录美好的事情，锁定温馨、快乐的时刻。

（12）失败没有什么好掩饰的，那只是说明你暂时尚未成功。

（13）尝试以前没有做过的事，开辟新的生活空间。

（14）与精力旺盛又充满希望的人交往。

此外，我们还可以施行一些辅助治疗，例如：

1. 心理治疗

以药物治疗为主、心理治疗为辅的综合疗法，是目前临床医学界治疗失眠抑郁症时的首选方法。在用药物治疗的同时，配合心理治疗主要是用来改变不适当的认知、思考习惯以及行为习惯，是一种辅助的治疗方法。

2. 移情治疗

享受阳光和运动的美好，能够让抑郁症患者的心情得到显著的放松。同时培养对新鲜事物的兴趣和爱好，让自己的生活每天都充实、积极。这是不用花钱自己动手就能做到的方法。

3. 食疗方法

"抗抑郁"食谱：酸枣仁、百合、龙眼、莲子，都有解郁、安神的功效；首乌和桑葚有滋补肝肾之效，可缓解抑郁症、失眠、健忘，烦躁等症。

停止抱怨：改变不了世界，就改变自己

消除抱怨，让心情更美好

　　幸福是一种自我感觉，有外在因素，但更多地取决于自己的内心。

　　一位少妇，回家向母亲倾诉，说婚姻很是糟糕，丈夫既没有很多的钱，也没有好的职业，生活总是周而复始，单调无味。母亲笑着问："你们在一起的时间多吗？"女儿说，"太多了。"母亲说，"当年，你父亲上战场，我每日期盼的，是他能早日从战场上凯旋，与他整日厮守，可惜——他在一次战斗中牺牲了，再也没有能够回来。我真羡慕你们能够朝夕相处。"母亲沧桑的老泪一滴滴掉下来，女儿仿佛明白了什么。

　　我们总是会犯这样的错误，对自己拥有的不好好珍惜。

　　一群男青年，在餐桌上谈起自己的老婆，说自己被管束得太严，几乎失去了自由，边说边生出大丈夫的凛然正气，狂饮如牛，扬言回家要和老婆斗争一番。

邻桌的一位老叟默默地听了，起身向他们敬酒，问："你们的夫人都是本分人吗？"男青年们点头。老叟叹了一口气说："我爱人当年对我也是管得太严，我愤然离婚，以至于她后来抑郁而终。如果有机会，我多希望能当面向她道一次歉，请求她时时刻刻地看管着我。小伙子，好好珍惜缘分呀！"男青年们望着神色黯然的老叟，沉默不语，若有所悟。

一位干部，因为人员分流，从领导岗位上退了下来，萎靡不振，判若两人。妻子劝慰他："仕途难道是人生的最大追求吗？你至少还有学历还有专业技术呀，你还可以开始你的新事业呀。你一直是个善待生活的人。我们并不会因为你做不做领导而对你另眼相待。在我的眼里，你还是我的丈夫，还是孩子的父亲。我告诉你亲爱的，我现在甚至比以前更爱你。"丈夫望着妻子，眼里闪烁着晶莹的泪光。

一位盲人，在剧院欣赏一场音乐会，交响乐时而凝重低缓，时而明快热烈，时而浓云蔽日，时而云开雾散，盲人惊喜地拉着身边的人说："我看见了，看见了山川，看见了花草，看见了光明的世界和七彩的人生……"

一个失聪的孩子，在画展上看到一幅幅作品。他仔细地看着，目不转睛，神情专注，忽然转身，微笑着大声地对旁边的父母说："我听到了，听到了小鸟在歌唱，听到了瀑布的轰鸣，还有风儿呼啸的声音……"

一位病人，医生郑重地告诉他，手术成功，化验结果出来了，从他腹腔内摘除的肿瘤只是一般的良性肿瘤，经过一段时间的疗养便可康复出院，并不危及生命。他顿时满面春风，双目有神，紧紧地握着医生的手，激动地说："谢谢，谢谢，是你们给了我第二次生命……"

幸福在哪里？芸芸众生，茫茫人海，我们在努力寻找答案。其实，幸福时刻伴随着我们。只不过，很多时候，我们身处幸福的山中，远近高低看到的总是别人的幸福风景，却忽略了感受自己脚下的幸福。

日常生活中，父母抱怨孩子们不听话，孩子抱怨父母不理解他们，男孩子抱怨女朋友不够温柔，女孩子抱怨男朋友不够体贴；工作中，领导埋怨下级工作不得力，而下级埋怨上级不够理解自己，不能发挥自己的才能。总之，对生活永远是抱怨，而不是感激；只是在意自己没有得到的好处，却不曾想别人付出了多少。

你从出生那天起，便沉浸在恩惠的海洋里。感恩大自然的福佑，感恩父母的养育，感恩社会的安定，感恩食之香甜、衣之温暖……就连对自己的敌人，也不忘感恩，是他促使自己成功，使自己变得机智勇敢。

放下抱怨，学会感恩，你就能幸福！

别为失败找借口

生活、工作和学习中，你是否常常在为失败找借口？

如果上班迟到了，是因为"路上堵车""手表慢了"；考试不及格，是由于"出题太偏""复习不到位""题量太大"；工作完不成，则是因为"工作太繁重"：只要用心去找，借口总是有的。

不可否认，许多借口也很有道理。但恰恰就是因为这些合理的借口，人们心理上的内疚感才会减轻，汲取的教训也就不会那么深刻，争取成功的愿望就变得不那么强烈，人也就会疏于努力，成功当然与我们擦肩而过了。

仔细想想，我们的失败不就是与找借口有关吗？不愿意承担责任，处处为自己开脱，或是大肆抱怨、责怪，认为一切都是别人的问题，自己才是受害者……

有一名年轻女子，她常常抱怨自己的母亲如何影响她的一生。原来这个女孩还很小的时候，父亲因病去世，守寡的母亲只得外出工作，以维持生活并教育年幼的女儿。由于这位母亲能干又肯努力，因此后来成为极有成就的女实业家。她悉心照顾女儿，让女儿受最好的教育，但结果却并不尽如人意。她的女儿把母亲的成功视为自己最大的障碍!

　　这个可怜的女孩子宣称,自己的童年完全被毁了,因为她随时处在一种"与母亲竞争"的生活状况里。她的母亲迷惑不解地说道:"我实在不了解这孩子。这么多年来,我一直努力工作,为的就是想给她一个比我更好的机会,创造更好的条件。没想到,我只是给她增添了一种压力。"

　　由"不足感"造成的心理不平衡所引致的抱怨,是一个人对所面临的问题欠缺积极应对的心理状态,或愤怒被压抑后的失衡心理状态引发的情绪行为。没有安全感、质疑自己的重要性、不确定自我价值的人,产生抱怨情绪的可能性会相对高一些。他们会昭告自己的成就,希望看到他人赞赏的目光;他们也会抱怨自己遭遇的困难,博取同情或是把它当作借口,以逃避自己向往却没有完成的目标。

　　这样的人从来不从自己身上找原因:"为什么我没有成功?那是因为工作不好,环境不好,体制不好。""为什么我生活得不好?那是因为家庭不好,朋友不好,同事不好。""为什么我会迟到?那是因为交通拥挤,睡眠不好,闹钟出了问题。"……一旦有了借口,就可以掩饰所有的过失和错误,就可以逃避一切惩罚。但是,这样你永远也不可能改进自己。相反地,你不断地找借口,糟糕的结果也就不断地发生,你的生活也就会不断地出现恶性循环。

成功的人永远在寻找方法，失败的人才会寻找借口。

成功的人是不找任何借口的。成功的人会确立目标，然后不顾一切地去追求目标，并且充分发挥集体力量，最终达到目标，取得成功。

远离抱怨，路会越走越宽

亨利·福特说："别光会挑毛病，要能寻找改进之道。"抱怨只能使自己悲观失望，丝毫无助于问题的解决。人悲伤时想哭，而哭只会使你更加悲伤。要想走出这个怪圈，你必须首先止怒，放弃抱怨，用解决问题的态度思考问题。

古时候，有一个国王在一次战败后，把自己蜷缩在一个废弃的马房的食槽里，垂头丧气。这时，他看到一只蚂蚁扛着一粒玉米，在一堵垂直的墙上艰难地爬行。玉米粒比蚂蚁的身体大得多，蚂蚁爬了69次，每次都掉下来。当尝试第70次时，蚂蚁终于扛着玉米爬上墙头。国王大叫一声跳了起来！他想蚂蚁失败了这么多次，都没有抱怨，反而还一次又一次地挑战，而我还有什么理由抱怨上帝不公？国王重整旗鼓，终于打败了敌人。

有位哲人曾经忠告世人："生命中最重要的一件事情，就是不要拿你的收入来当资本。任何愚人都会这样做。真正重要的是要从你的损失中获利。也正是这一点决定了愚人和聪明人之间的区别。"

所以，不要抱怨，用实干来证明自己吧！

一百多年前，美国费城的六个高中生向他们仰慕已久的一位博学多才的牧师请求："先生，您肯教我们读书吗？我们想上大学，可是我们没钱。我们中学快毕业了，有一定的学识，您肯教我们吗？"

这位牧师答应了教这六个贫家子弟，同时他又暗自思忖："一定还有许多年轻人没钱上大学，他们想学习但付不起学费。我应该为这样的年轻人办一所大学。"

于是，他开始为筹建大学募捐。当时建一所大学大概要花150万美元。

牧师四处奔走，在各地演讲了五年，恳求大家为出身贫困但有志于学习的年轻人捐钱。出乎他意料的是，五年的辛苦筹募到的钱还不足1000美元。

牧师深感悲伤，情绪低落。当他走向教堂准备下礼拜的演说词时，低头沉思的他发现教堂周围的草枯黄得东倒西歪。他便问园丁："为什么这里的草长得不如别的教堂周围的草茂盛呢？"

园丁抬起头来望着牧师回答说："噢，我猜想你眼中觉得这地方的草长得不好，主要是因为你把这些草和别的草相比较的缘故。我们常常是看到别人美丽的草地，希望别人的草地就是我们自己的，却疏于去整治自家的草地。"

园丁的一席话使牧师恍然大悟。他跑进教堂开始撰写演讲稿。他在演讲稿中指出，我们大家往往是让时间在等待观望中白白流逝，却没有努力工作使事情朝着我们希望的方向发展。

抱怨只会让机会白白流失，实干才能成功。

1832年，有一个年轻人失业了。他下决心要当政治家，当州议员。糟糕的是，他竞选失败了。在一年里遭受两次打击，这对他来说无疑是痛苦的。他又着手办自己的企业，可一年不到，他的企业就倒闭了。在以后的17年里，他不得不为偿还债务而到处奔波，历尽磨难。

此间，他决定再一次竞选州议员，这次他终于成功了。他认为自己的生活有了转机，可就在离结婚还差几个月的时候，他的未婚妻不幸去世。他心力交瘁，卧床不起，患上了严重的神经衰弱症。

1838年，身体稍稍好转时，他又决定竞选州议会长，可他失败了；1843年，他又参加竞选美国国会议员，仍然没有成功……

试想一下，如果是你处在这种情况下会不会放弃努力呢？企业倒闭、爱人去世、竞选败北，要是你碰到这一切，你会不会放弃？1846 年，他又一次参加竞选国会议员，终于当选了。

在以后的日子里，他仍在一次又一次地努力。1860 年，他当选为美国总统。他就是亚伯拉罕·林肯。

林肯他用实干的精神迎来了成功。他以自己的经历告诉我们，成功不是运气和才能的问题，关键在于充分的准备和不屈不挠的决心。面对困难，不要抱怨，不要逃避，而应该勇敢地去面对，付出更多的努力和汗水来换取甘甜的美酒。

命运厚爱那些不报怨的人

日常生活中，经常见到一些人对身边的任何事情都不满——工作不如意、钱赚得没有别人多、别人比自己幸运等，抱怨已经成了他们生活中必不可少的一种行为。一旦形成了这种抱怨的思维定式，对问题的看法就会偏向消极，解决问题的动力就会变成实施解决方法的阻力。

露西是一家报社的记者，十多年过去了，一直没有发展的机会，职位和薪水也不是很理想。有一段时间，她甚至想辞职，但是又害怕辞职后找不到合适的工作，就得面临失业的问题。

犹豫一番后，她最终还是安慰自己：算了吧！就这样混下去吧，到了别的公司也一样。

有一天，她和一个朋友去聚会，又在餐桌上抱怨自己的工作环境。这位朋友一脸严肃地说："造成现在这种情况，你思考过原因吗？你如果仅仅是因为对现在的工作职位、薪水感到不满而辞去工作，就不会有更好的选择。稍微忍耐一下，转变你的态度，试着从现在的工作中找到价值和乐趣，你会有意外的发现和收获。假如你这样努力尝试过之后，依然没有变化，再辞职也不迟。"

朋友的话让露西深有感触。她试着重新开始，以积极的态度处理工作。结果，感觉和效果完全不同，不满的情绪也渐渐消失了，对工作渐渐有了一种留恋的感觉。她的工作才华得到了极大的展示，很快得到上司的提拔和重用。

无休止地埋怨对自身是一种伤害。露西因为抱怨而无法把全部精力投入到工作中，以致10多年仍然没有什么发展。导致这种情况发生的不是外部环境，而是她没有把自己放到一个正确的位置上；当她听取朋友意见，改变态度，积极应对工作后，很快就受到了上司的重用。这说明，职位和薪水的高低不是影响人发展的必然因素，而好的工作态度会影响一个人的职业生涯。

毫无怨言地工作，使人能够激发出内心的力量，让人在工作中拥有双倍甚至更多的智慧和激情，积极主动且卓有成效地完成工作。反之，当抱怨成为一种习惯，人会很容易发现生活中负面的东西，加以放大，甚至身边人一个眼神、一句话都可以让他浮想联翩，进而感慨生存艰难，倾诉得越发声情并茂，也就越发使情绪"黑云压城城欲摧"，越来越焦虑。

毫无怨言的人能够全心全意地工作：别人抱怨困难多的时候，他们在解决问题；别人抱怨工作环境差的时候，他们在研究如何提高工作效率；别人抱怨薪水低的时候，他们在加班加点地完成目标。下文中的老王就是这样的人。

老王是个挑料工。他的工作很重要：他工作速度的快慢直接影响工作的进程，如果处理不好，就会影响包装质量。虽然厂里对挑料工并没有技术要求，但是他严格要求自己，工作不仅快而且干净利落，任何问题都逃不过他的眼睛。有时，机器发生故障，剪出的料切头多又不齐，他总是一边沉着冷静地指挥操作台，一边眼疾手快地挑料，既不影响上道工序的进行，又为下道工序打好了基础。老王对待工作始终任劳任怨，一个班八小时，他从来不肯休息，组长找人替他时，他总是三个字"我不累"。

一次，机器检修两小时，班长召集大家临时开会，这时却不见了老王的身影。厂房里空无一人，只听见静静的厂房里冷床处传来"咚、咚"扔东西的声音。大家走近一看，只见老王穿着雨鞋钻在又热又脏的机床下面收拾切头和废钢，满脸都是汗水和油污，他却根本不在意，默默无闻、任劳任怨地在平凡的岗位上奉献着。

对于优秀的人来说，工作需要永远是激励他们出发的号角。这样的人也往往会受到大家的尊重。

人与人之间的差别，在任何地方、任何时间、任何国家、任何社会、任何时代都存在。造成这种差别的原因，并非外在条件的不同，而是自我经营的不同。坦然接受现状，多努力，少埋怨，才能成功。

别让抱怨成为习惯

只懂得抱怨的人，注定会活在迷离混沌的状态中，看不见前头明朗的人生天空。

美国小说家邓肯有这样一位朋友：家庭生活条件很好，但是——爱抱怨。

在邓肯的印象里，他这位朋友好像从来就没有顺心的事，什么时候与他在一起，都会听到他在不停地抱怨。高兴的事被他抛在了脑后，不顺心的事他总挂在嘴边。每次见到邓肯，他就抱怨自己的不如意，也让邓肯很不安，邓肯甚至不愿见到他。

你周围有没有这样的朋友？他每天都会有许多不开心的事，总在不停地抱怨。而且，他所抱怨的也只是一些日常生活中的小事情。

他们罗列一堆困难、一堆问题，列完之后把自己给吓住了，然后再往下，做不成了，开始替自己辩解，开始抱怨，抱怨制度、抱怨资源……任何事都是别人的错，任何不利于自己的东西都是他抱怨的对象。

抱怨是在人多次按常态去应对某些问题并且无效后，对解决问题的对象失去信心但又不甘心的状态下所表达出来的情绪行为。

而当这种行为日复一日地被重复，就会形成惯性。一旦惯性形成，人对问题的看法就会向消极方向想，解决问题的动力就会变成阻力。

从心理学上讲，抱怨的人不希望事情完全改变，他们只是为了推卸掉自己的责任罢了。这样的讲法并不客观，他们只是没能抓住解决问题的关键点以改善现状。

不要说抱怨是个性。因为一旦被认同是"个性"，那它就是"我"与生而来的东西，所以"我"是不会去改变的。别让生活的不如意吞噬掉原本的快乐，淡然一些，才会快乐。

第四章 ▷

培养良好的心理素质，释放
生命正能量

永怀希望：唤醒人生正能量

事情没有你想象的那么糟

　　人的大部分时间都是平淡的，还有不少日子是灰暗的。这些灰暗的日子被称之为苦难。面对苦难，每个人的承受能力不同，会表现出不同的情绪。有些人乐观应对，有些人却陷于其中不能自拔。乐观者，能以积极的心态看待问题，不仅使自己心情愉悦，而且正视问题的同时也可以使问题得到很好的解决；悲观者，总是感慨命运不济，认为自己是世界上最不幸的人，这样不仅不能解决问题，还会加剧自己的痛苦。

　　当生活把苦难带给我们时，其实又给我们推开了一扇窗，所以事情并没有你想象的那么糟糕。让我们学着用积极的态度去面对苦难，在苦难中学习，在苦难中成长。当越过苦难，这个过程就变成一生弥足珍贵的记忆。

　　西娅在维伦公司担任高级主管，待遇优厚。然而，为了应对激烈的竞争，公司开始裁员，而西娅也在其中。那一年，她

43 岁。

"我在学校一直表现不错，"她对好友墨菲说，"但没有哪一项特别突出。后来，我开始从事市场销售。在 30 岁的时候，我加入了那家大公司，担任高级主管。我以为一切都会很好，但在我 43 岁的时候，我失业了。那感觉就像有人在我的鼻子上给了我一拳。"她接着说，"简直糟糕透了。"西娅似乎又回到了那段灰暗的日子，语气也沉重了许多。

"有一段时间，我不能接受自己失业的事实。躲在家里，不敢出门，因为每当看到忙碌的人们，我都会觉得自己没用，脾气也越来越坏，孩子们也越来越怕我。情况似乎越来越糟糕，但就在这时，转机出现了。一个月后，一个出版界的朋友询问我，如何向化妆业出售广告。这是我擅长的东西。我重新找到了自己的方向：为很多上市公司提供建议，出谋划策。"两年后，西娅已经拥有了自己的咨询公司。她已经不再是一个打工者，而是成了一个老板，收入也比以前多了很多。

"被裁员是一件糟糕的事情，但那绝不是地狱。也许，对你来说，可能还是一个改变命运的机会，比如现在的我。重要的是你如何看待它。我记得那句名言：世界上没有失败，只有暂时的不成功。"西娅真诚地对墨菲说。

当你沉浸在低迷的情绪状态中时，迅速地调整心态，转个弯找到另一条出路，就能获得成功。像西娅那样，即使被公司解聘淘汰了也不计较，走过去，前面将有更光明的一片天空在等待着我们。

海伦·凯勒曾经说过："当一扇幸福的门关上的时候，另一扇幸福的门会因此开启；但是，我们却经常看着这扇关闭的大门太久，而没有注意到那扇已经为我们开启的幸福之门。"也许这是上苍以另一种方式告诉我们，我们未尽其才。"天生我材必有用"，不如天生我材自己用。社会不残酷不足以激发我们的生命力，竞争不激烈不足以显示我们的战斗力。

困难中往往孕育着希望

人的一生中，难免会遇到各种各样的困难，总会遇到一些不称心的人、不如意的事。此时，如果你快乐而又自信，那么做事的效果往往会好得出奇。

看一看这个故事吧：

美国联合保险公司有一位名叫艾伦的推销员。他很想当公司的明星推销员，因此他不断阅读励志书籍和杂志来培养积极的心态。有一次，他陷入了困境，这是对他平时进行积极心态训练的一次考验。

那是一个寒冷的冬天，艾伦在威斯康星州的一个城市里的某个街区推销保险单。结果一张都没有售出。他对自己很不满意，但当时他这种不满是积极心态下的不满。他想起过去读过的一些保持积极心境的法则。

第二天，他在出发之前对同事讲述了自己昨天的失败，并且对他们说："你们等着瞧吧，今天我会再次拜访那些顾客，我会售出比你们售出总和还多的保险单。"基于这种心态，艾伦回到那个街区，又访问了前一天同他谈过话的每个人，结果售出了66张新的事故保险单。这确实是了不起的成绩。在这之前，他曾在风雪交加的天气里挨家挨户地走了8个多小时而一无所获，但艾伦能够把这种对大多数人来说都会感到的沮丧，变成第二天激励自己的动力，结果如愿以偿。

这个故事告诉我们：人生充满了选择，而生活的态度决定一切。你用什么样的态度对待人生，生活就会以什么样的态度来对待你——你消极，人生便会暗淡；你积极向上，人生就会给你许多快乐。

老气横秋，怨天怨地，长吁短叹。这些本是一些力不从心的老年人的"专利"，却使血气方刚，本应开拓事业、享受生活美好时光的年轻人也沾染了这个毛病，结果失去了青春的活力，失去了人生的乐趣。

当你的意识告诉你"完了，没有希望了"；你的潜意识却会告诉你，绝处可以逢生，在绝望中也能抓住希望，在黑暗中总有一点光明。不错，黎明前的夜是最黑的。只要我们在漆黑的夜中能看到一线曙光，那么，相信光明总会到来，事情总会有转机。不要消沉，不要一蹶不振，抱有积极的情绪，相信大雨过后天更蓝，船到桥头自然直。

任何时候都不要放弃希望

著名的英国文学家罗伯特·史蒂文森说过："不论担子有多重，每个人都能坚持到夜晚的来临；不论工作多么辛苦，每个人都能做完一天的工作。每个人都能很甜美、很有耐心、很可爱、很纯洁地活到太阳下山，这就是生命的真谛。"确实如此，唯有哭着吞咽面包的人才能理解人生的真谛。苦难是孕育智慧的摇篮，它不仅能磨炼人的意志，而且能净化人的灵魂。如果没有那些坎坷和挫折，人绝不会有丰富的内心世界。苦难能毁掉弱者，同样也能造就强者。

有些人一遇到挫折就灰心丧气、意志消沉，甚至想用死来躲避厄运的打击。这是弱者的表现。死只是一时的勇气，生则需要一世的勇气。人的一生中都有消沉的时候：居里夫人曾两次想过自杀，奥斯特洛夫斯基也曾用手枪对准过自己的脑袋，但他们最终都以顽强的意志面对生活，并获得了巨大的成功。一时的消沉并不可怕，可怕的是陷入消沉中不能自拔。

做一个生命的强者，在任何时候都不放弃希望，耐心等待转机来临的那一天。

从前，两军对峙，城市被围，情况危急。守城的将军派一名士兵去河对岸的另一座城市求援。假如救兵在明天中午赶不回来，这座城市就将沦陷。

整整两个时辰过去了，这名士兵才来到河边的渡口。平时渡口会有几只木船摆渡，但由于兵荒马乱，船夫全都避难去了。现在数九寒天，河水太冷，河面太宽，根本无法游过去，而敌人的追兵随时可能出现。

他的头发都快愁白了。假如过不了河，不仅自己会成为俘虏，整个城市也会落在敌人手里。万般无奈，他只得在河边静静等待。这是一生中最难熬的一夜。他感到四面楚歌、走投无路了。他想自己不是被冻死，就是被饿死，要么就是落在敌人手里被杀。更糟的是，到了夜里，刮起了北风，后来又下起了鹅毛大雪。他冻得瑟缩成一团，甚至连抱怨命运的力气都没有了。此时，他的心里只有一个念头：活下来！

他暗暗祈求：上天啊，求你再让我活一分钟，求你让我再活一分钟！也许他的祈求真的感动了上天，当他气息奄奄的时候，他看到东方渐渐发亮。等天亮时他惊奇地发现，那条阻挡他前进的大河上面，已经结了一层冰壳。他在河面上试着走了几步，发现冰冻得非常结实，他完全可以从上面走过去。

他欣喜若狂，轻松地走过了河面。

因为没有放弃希望，这名士兵等到了转机，从而等来了重生的机会。可见，事事没有绝路，只有坚持不放弃的人，才能够走向最终的胜利。

事实上，处在绝望境地下的拼搏，最能激发人身体里的潜在力量。每个人都是凤凰，但是只有经过命运烈火的煎熬和痛苦的考验，才能浴火重生，并在重生中得以升华。

别让精神先于身躯垮下

面对挫折和困难，逃避和消沉是解决不了问题的；只要保持昂扬的精神，奋力拼搏，终将迎来阳光明媚的春天。

遗憾的是，很多时候我们的精神先于身躯垮下去了。

一场突然而至的沙尘暴，让一位独自穿行大漠者迷失了方向，更可怕的是连装干粮和水的背包都不见了。翻遍所有的衣袋，他只找到一个泛青的苹果。

"哦，我还有一个苹果。"他惊喜地喊道。

他攥着那个苹果，深一脚浅一脚地在大漠里寻找着出路。整整一个昼夜过去了，他仍未走出空阔的大漠。饥饿、干渴、疲惫，一齐涌上来。望着茫茫无际的沙海，有好几次他都觉得自己快要支撑不住了，可是他看了一眼手里的苹果，抿了抿干裂的嘴唇，陡然又添了些许力量。

顶着炎炎烈日，他继续艰难地跋涉。三天以后，他终于走出了大漠。那个他始终未曾咬过的青苹果，已干巴得不成样子，他还宝贝似的擎在手中，久久地凝视着。

在人生的旅途中，我们不要轻易地说自己什么都没有了，其实只要心中不熄灭信念的圣火，总会找到能渡过难关的那个"苹果"。攥紧信念的"苹果"，就没有穿不过的风雨、涉不过的险途。因为打败自己的不是外部环境，而是你的心。

常怀感恩：有一种幸福叫感恩

感谢你所拥有的，这山更比那山高

如果我们没有一颗感恩之心，那么在各种各样的比较下，我们很容易产生心理和情绪上的偏差。

一对情侣步入了婚姻的殿堂，甜蜜的热恋期过去之后，他们开始面对日益艰难的生计。妻子每天都为缺少财富而忧郁不乐：他们需要很多很多的钱，1万，10万，最好有100万。有了钱才能买房子，买家具、家电，才能吃好的、穿好的……可是他们的钱太少了，少得只够维持最基本的日常开支。

她的丈夫却是个很乐观的人，不断寻找机会开导妻子。

有一天，他们去医院看望一个朋友。朋友说，他的病是累出来的，常常为了挣钱不吃饭、不睡觉。回到家里，丈夫就问妻子："如果给你钱，但同时让你跟他一样躺在医院里，你要不要？"妻子想了想，说："不要。"

过了几天，他们去郊外散步。他们经过的路边有一幢漂亮的别墅，从别墅里走出来一对白发苍苍的老者。丈夫又问妻子："假如现在就让你住上这样的别墅，同时变得和他们一样老，你愿意不愿意？"妻子不假思索地回答："我才不愿意呢。"

他们所在的城市破获了一起重大团伙抢劫案。这个团伙的主犯抢劫现钞超过 100 万，被法院判处死刑。

罪犯押赴刑场的那一天，丈夫对妻子说："假如给你100万，让你马上去死，你干不干？"

妻子生气了："你胡说什么呀？给我一座金山我也不干！"

丈夫笑了："这就对了。你看，我们原来是这么富有：我们拥有生命，拥有青春和健康，这些财富已经超过了 100 万，我们还有靠劳动创造财富的双手，你还愁什么呢？"妻子把丈夫的话细细地咀嚼、品味了一番，从此变得快乐起来。

那些总认为自己一无所有的人，他们心灵的空间挤满了太多的负累，无法欣赏自己真正拥有的东西。

用"和自己赛跑，不要和别人比较"的生活态度来面对生活。观摩别人表现杰出的地方，收获最多的，还是自己。

感谢磨难，它们让你更加坚强

在人生的岔道口，若你选择了一条平坦的大道，你可能会舒适而享受，但你也可能会失去一个很好的历练机会；若你选择了坎坷的小路，你也许会充满痛苦，但人生的真谛也许就此领悟。

如果一路都是坦途，那只会沦为平庸。

有个渔夫有着一流的捕鱼技术，被人们尊称为"渔王"。依靠捕鱼所得的钱，"渔王"积累了一大笔财富。然而，年老的"渔王"一点也不快活，因为他三个儿子的捕鱼技术都极平庸。

于是他经常向智者倾诉心中的苦恼："我真不明白，我捕鱼的技术这么好，我的儿子们为什么这么差？我从他们懂事起就传授捕鱼技术给他们，从最基本的东西教起，告诉他们怎样织网最容易捕捉到鱼，怎样划船最不会惊动鱼，怎样下网最容易请鱼入瓮。他们长大了，我又教他们怎样识潮汐、辨鱼汛，等等。凡是我多年辛辛苦苦总结出来的经验，我都毫无保留地传授给他们，可他们的捕鱼技术竟然赶不上技术比我差的其他渔民的儿子！"

智者听了他的诉说后，问："你一直手把手地教他们吗？"

"是的，为了让他们学会一流的捕鱼技术，我教得很仔细、很耐心。"

"他们一直跟随着你吗？"

"是的，为了让他们少走弯路，我一直让他们跟着我学。"

智者说："这样说来，你的错误就很明显了。你只是传授给了他们技术，却没有传授给他们教训。没有教训与没有经验一样，都不能使人成大器。"

教训比经验更有价值。没有经历过风霜雨雪的花朵，无论如何也结不出丰硕的果实。或许我们习惯羡慕他人的成功，但是别忘了："台上十分钟，台下十年功"，在他们光荣的背后一定有汗水与泪水共同浇铸的艰辛。当我们回过头来再去看很多事情的时候，就会发现，历经磨难的花朵更娇艳动人。

每一个勇于追求幸福的人，每一个有乐观豁达心态的人，都会感谢磨难的到来。唯有经历了磨难，世界在我们眼里才会更加美丽动人。

对折磨心存感激，是一种人格的升华，是一种美好的人性。对折磨心存感激，我们的生活就会洋溢着更多的欢笑和阳光，世界在我们眼里就会更加美丽动人。

面对各种各样的不顺心，你要保持感激，感激折磨使你不断成长。法国启蒙思想家伏尔泰说："人生布满了荆棘，我们晓得的唯一办法是从那些荆棘上面迅速踏过。"生命需要磨炼。燧石受到的敲打越厉害，发出的光就越灿烂。燧石需要感谢那些敲打。感谢折磨你的人，同样，感恩命运。

别以为父母的付出理所当然

一位诗人说过："我们的孩子是行走在天地间的心肝。"也许你熟悉这句话，但即使你读过一千遍，也未必能读出父母心中的感受。孩子是父母的心肝，一旦他们不在身边了，父母就会感到空寂失落。

现在很多年轻人都对父母没有感恩之心。他们与朋友的关系很好，却与父母的关系很恶劣。他们在父母面前不掩饰自己的情绪，甚至随意发泄，把父母当成情绪的垃圾桶。但是，没有任何父母的付出是理所当然的，他们也有自己的喜怒哀乐，也需要你的平等对待。

有一对夫妇是登山运动员，为庆祝他们儿子一周岁的生日，他们决定背着儿子登上 7000 米的雪山。夫妇俩很快便轻松地登上了 5000 米的高度。然而，就在他们稍做休息准备向新的高度进发之时，风云突起，一时间狂风大作，雪花飞卷，气温陡降至零下三四十度。由于风势太大，能见度不足一米，向上或向下走都意味着危险或死亡。两人无奈，情急之中找到一个山洞，只好进洞暂时躲避风雪。

气温继续下降，妻子怀中的孩子被冻得嘴唇发紫，最主要的是他要吃奶。可是在如此低温的环境下，任何一寸肌肤裸露都会导致体温迅速降低，时间一长就会有生命危险。怎么办？孩子的哭声越来越弱，他很快就会因为缺少食物而死。丈夫制止了妻子几次要喂奶的要求，他不能眼睁睁地看着妻子被冻死。然而，如果不给孩子喂奶，孩子就会很快死去。妻子哀求丈夫："就喂一次。"丈夫把妻子和儿子揽在怀中。喂过一次奶的妻子体温下降了两度，她的体能严重损耗。时间在一分一秒地流逝，孩子需要一次又一次地喂奶，妻子的体温在一次又一次地下降。

三天后，当救援人员赶到时，丈夫已冻昏在妻子的身旁；而他的妻子——那位伟大的母亲已被冻成一尊雕塑，却依然保持着喂奶的姿势屹立不倒。她的儿子，她用生命哺育的孩子正在丈夫的怀里安然地睡着——他脸色红润，神态安详。为了纪念这位伟大的母亲，丈夫决定将妻子最后的姿势铸成铜像，让她的爱永远流传。

即使父母心甘情愿做情感的垃圾桶，你也不能放纵自己。能用理智的情绪对待父母，才算一个真正成熟的人。

一位知名学者曾写下这样的文字：

当你1岁的时候，她喂你吃奶并给你洗澡，而作为报答，你整晚地哭着；当你3岁的时候，她怜爱地为你做菜，而作为报答，你把她做的菜扔在地上；当你 4 岁的时候，她给你买下彩色笔，而作为报答，你涂了满墙的抽象画；当你 5 岁的时候，她给你买既漂亮又贵的衣服，而作为报答，你穿着它到泥坑里玩耍；当你 7 岁的时候，她给你买了球，而作为报答，你用球打破了邻居的玻璃；当你 9 岁的时候，她付了很多钱给你辅导钢琴，而作为报答，你常常旷课并不去练习；当你 11 岁的时候，她陪你和你的朋友们去看电影，而作为报答，你让她坐到另一排去；当你 13 岁的时候，她建议你去把头发剪了，而你说她不懂什么是现在的时髦发型；当你 14 岁的时候，她付了你一个月的夏令营费用，而你却整整一个月没有打一个电话给她；当你 15 岁的时候，她下班回家想拥抱你一下，而作为报答，你转身进屋把门插上了；当你 17 岁的时候，她在等一个重要的电话，而你抱着电话和你的朋友聊了一晚上；当你 18 岁的时候，她为你高中毕业感动得流下眼泪，而你和朋友在外聚会到天亮；当你 19 岁的时候，她付了你的大学学费又送你到学校，而你要求她在远处下车怕同学看见笑话你；当你 20 岁的时候，她问你"你整天去哪"，而你回答"我不想像你一样"；当你 23 岁的时候，她给你买家具布置你的新家，而你对朋友说她买的家具真糟糕；当你 30 岁的时候，她对怎样照顾小孩提出劝告，而你对她说"妈，时代不同了"；当你 40 岁的时候，她给你打电话，说要为你过生日，而你回答"妈，我很忙没时间"；当你 50 岁的时候，她常患病，需要你的看护，而你却在家读一本关于父母在孩子家寄身的书；终于有一天，她去世了，突然，你想起了所有该做却从来没做过的事，它们像榔头一样痛击着你的心……

母爱是一股吸恒星之刚强、纳星月之柔肠、萃狂风暴雨、取闪电惊雷，日积月累逐渐形成的超自然神力。这股神力在母亲心中如蝴蝶般扇展，就算躲藏于荒草丛，仰望星空，亦能感受到熠熠繁星邀她一起遨游瑰丽的星系。对母亲而言，爱的付出不是一种责任，而是一种本能。因此，就算她的孩子畸形弱智，被浅薄者视作瘟疫，遭社会遗弃，她也会忠贞于生生不息的母爱精神，让自己的生命之光在孩子身上辉映。

千金散去还复来，亲情逝去永不返。年轻时我们总以为来日方长，却忘记了父母已经黄昏迟暮。说不定哪天，我们正为一次赚钱的机会而忙得天昏地暗的时候，至爱的亲人已永去。所以，天下儿女们，常回家看看吧！"子欲养而亲不待"，是世上最痛彻心扉的愧疚和遗憾。

感谢对手，是他们激发了你的潜能

有意义的生命才会精彩，精彩的生命才会有意义。快出发，寻找你的对手，让你的生命折射出迷人、永恒的光彩。

1996 年世界爱鸟日这一天，芬兰维多利亚国家公园应广大市民的要求，放飞了一只在笼子里关了四年的秃鹰。事过三日，当那些爱鸟者还在为自己的善举津津乐道时，一位游客在距公园不远处的一片小树林里发现了这只秃鹰的尸体。解剖发现，秃鹰死于饥饿。

秃鹰本来是一种十分凶悍的鸟，甚至可与美洲豹争食。然而它由于在笼子里关得太久，远离天敌，结果失去了生存能力。

还有一个类似的故事：

一位动物学家在考察生活于非洲奥兰洽河两岸的动物时，注意到河东岸和河西岸的羚羊大不一样：前者繁殖能力比后者强，而且奔跑的速度每分钟要快 13 米。

他感到十分奇怪，既然环境和食物都相同，何以差别如此之大？为了解开其中之谜，动物学家和当地动物保护协会进行了一项实验：在两岸分别捉 10 只羚羊送到对岸生活。结果是，送到西岸的羚羊发展到 14 只；而送到东岸的羚羊只剩下了 3 只，另外 7 只被狼吃掉了。

原来东岸的羚羊之所以身体强健，是因为它们附近居住着一个狼群，这使羚羊天天处在一个竞争氛围中，为了生存下去，它们变得越来越有战斗力；而西岸的羚羊长得弱不禁风，恰恰就是因为缺少天敌，没有生存压力。

俗语"蚌病生珠"，则更能说明此问题。一粒沙子嵌入蚌的体内后，蚌会分泌出一种物质来疗伤，时间长了，便会逐渐形成一颗晶莹的珍珠。

生活中有各种各样的笼子，不少人的处境就像那只笼子里的秃鹰。虽然优渥的环境能让人暂时地乐而忘忧，流连忘返，但是，最后的结局只会和那只秃鹰没有什么两样。

知音难寻，对手更难求。没有对手，人们可能会不知所往，生命也将毫无意义。

战国时期，七雄并立，七个强有力的对手开始了长达百余年的角逐。最后，时势中的英雄秦始皇运筹帷幄之中，决胜千里之外，将六个对手一一击垮，"秦王扫六合，虎视何雄哉！"英雄铸就于对手之中。

正是对手的追赶才驱使我们向前迈进，驱使我们生命的车轮不断地滚滚前行。对手促使我们进步，只有与对手共生存才能改写历史。

让感恩溢于言表

感恩是认定别人给予你的帮助的价值，是彼此感情顺畅交流的有效手段。当别人为你做了某些事情后，你应该表示感谢；当别人给予你关心、安慰、祝贺、指导以及馈赠时，你应该表示感谢；当别人为你做事而未成功时，那份情意也值得你感谢。

李华是一家电脑公司的编程员，一次在工作中遇到难题，他的同事主动过来帮忙。同事一句提醒的话使他茅塞顿开，李华很快就完成了工作，他对同事表示感谢，并请这位同事喝酒。他说："我非常感谢你在编那个计算机程序上给我的帮助……"

从此，他们的关系更近了，李华也因此在工作上取得了很大的成绩。

李华很有感触地说："是感恩的心态改变了我的人生。我对周围人给予我的点滴关怀和帮助都怀抱强烈的感恩之情，我要回报他们。结果，我工作得更加愉快，所获帮助也更多，很快获得了公司加薪升职的机会。"

不把你所得到的帮助视为理所当然，你才能从别人那儿获得更多的帮助。感恩往往只是一句真诚的谢语或是一个小小的举止，却有着"赠人玫瑰，手有余香"的效果。

比尔的心脏有毛病，很容易疲倦。有一天他开车回到家里，感觉很累，希望能够小睡一会儿。这时候，一位邻居兴高采烈地跑来，说他帮比尔在园子里种了两棵菜。比尔随口说了声"谢谢"。

睡意向比尔袭来，但他始终睡不着。比尔猛然坐起，明白自己的不安是因为没有向邻居衷心致谢。他立刻走出屋子，到园子里，向邻居为自己刚才的淡漠道歉，并重新真诚致谢。比尔说："这位邻居知道我的心脏有毛病，也知道休息对我很重要。当他知道我为了向他致谢而中断睡眠后，非常感动，又帮我多种了两棵菜。心中感激却没说出来，就好像包好礼物却没送出去，而我们两个都从再一次致谢中受惠。"

感恩需要表达。说出内心的感激，让他人体会到你的感恩。通过传递感恩，比尔和他的邻居都得到了一种内心的感动和愉悦。"人非草木，孰能无情？"在这个尘世攘攘的时代，化解人与人之间的猜忌与不和谐的音符往往就是一句小小的"谢谢"。为什么要吝啬内心的感动呢？正像歌中所唱的："感恩的心，感谢有你，伴我一生，让我有勇气做我自己；感恩的心，感谢命运，花开花落我一样会珍惜。"

增强自信：学会为自己热烈鼓掌

多做自己擅长的事

　　世界上没有两片完全相同的树叶，每个人的天赋也是不同的。和别人比，你或许在某些方面有些欠缺，但在其他方面你一定表现得更为突出。成功的关键不是克服缺点、弥补缺点，而是施展天赋、发扬长处。要想获得成功，就要擅长经营自己的强项。

　　美国盖洛普公司出了一本畅销书《现在，发掘你的优势》。盖洛普的研究人员发现：大部分人在成长过程中都试着"改变自己的缺点，希望把缺点变为优点"，但他们碰到了更多的困难和痛苦；而少数最快乐、最成功的人的秘诀是"加强自己的优点，并管理自己的缺点"。"管理自己的缺点"就是在不足的地方做得足够好，"加强自己的优点"就是把大部分精力花在自己感兴趣的事情上，从而获得成功。

　　一只小兔子被送进了动物学校，它最喜欢跑步课，并且总是得第一；它最不喜欢的是游泳课，一上游泳课它就非常痛苦。兔爸爸和兔妈妈要求小兔子什么都学，不允许它放弃任何一项课程。

小兔子只好每天垂头丧气地去学游泳，老师问它是不是在为游泳太差而烦恼，小兔子点点头。老师说，其实这个问题很好解决，你跑步是强项，但游泳是弱项。这样好了，你以后不用上游泳课了，可以专心练习跑步。小兔子听了非常高兴，它专门训练跑步，最后成为跑步冠军。

小兔子即使再刻苦训练，它也无法成为游泳能手；相反，它专门训练跑步，结果便成为跑步冠军。

假如一个人的性格天生内向，不善于表达，却要去学习演讲，这不仅是勉为其难，而且还会浪费大量的时间和精力；假如一个人身材矮小，弹跳力也不好，却要去打篮球，结果，不仅英雄无用武之地，还打击了自信心，一蹶不振。在漫漫的人生旅途中，没有人是弱者，只要找到自己的强项，就找到了通往成功的大门。

所谓的强项，并不是把每件事情都干得很好、样样精通，而是在某一方面特别出色。强项可以是一项技能、一种手艺、一门学问、一种特殊的能力或者只是一种直觉。你可以是鞋匠、修理工、厨师，也可以是律师、广告设计人员、建筑师、企业家或领导者，等等。

罗马不是一天建成的，我们想在某一方面拥有过人之处，就必须付出辛苦的努力。我们要想说出一口流利的英语，可能要错过无数次和朋友通宵 KTV 的机会；要想掌握一门技术，可能就要翻烂无数本专业书；要想成为游泳池中最亮眼的高手，就必须比别人多"喝"水……

人生的诀窍就在于经营好自己的长处，扬长避短，创造出人生的辉煌。舍本逐末，用自己的弱项和别人的强项拼，失败的只会是自己。千万别轻视自己的一技之长。尽管它可能并不高雅，却可能是你终生依赖的财富。

找准自己的最佳位置，将专长发挥到极致，我们就一定能成为某一领域的"王者"。

像英雄一样昂首挺胸

自卑就像蛀虫一样啃噬着我们的人格，是我们走向成功的绊脚石，是快乐生活的拦路虎。我们不能一直活在自卑的阴影中。找回自信，像世界名模一样昂首挺胸，自信就回来了！

他是英国一位年轻的建筑设计师，很幸运地被邀请参加了温泽市政府大厅的设计。他运用工程力学的知识，根据自己的经验，巧妙地设计了只用一根柱子支撑大厅天顶的方案。一年后，市政府请权威人士进行验收时，对他设计的一根支柱提出了异议。他们认为，用一根柱子支撑天花板太危险了，要求他再多加几根柱子。年轻的设计师十分自信，并且通过详细的计算和列举相关实例加以说明，拒绝了工程验收专家们的建议。他说："只要用一根柱子便足以保证大厅的稳固。"

他的固执惹恼了市政官员，年轻的设计师险些因此被送上法庭。万不得已之下，他只好在大厅四周增加了四根柱子。不过，这四根柱子全部都没有接触天花板，其间相隔了无法察觉的两毫米。

时光如梭，岁月更迭，一晃就是 300 年。

300 年的时间里，市政官员换了一批又一批，市政府大厅坚固如初。直到 20 世纪后期，市政府准备修缮大厅的天顶时，才发现了这个秘密。

消息传出，世界各国的建筑师和游客慕名前来，观赏这几根神奇的柱子，并把这个市政大厅称作"嘲笑无知的建筑"。最为人们称奇的是这位建筑师当年刻在中央圆柱顶端的一行字：

自信和真理只需要一根支柱。

这位年轻的设计师就是克里斯托·莱伊恩。今天，能够找到有关他的资料实在很少了。在仅存的一点资料中，记录了他当时说过的一句话："我很自信。至少一百年后，当你们面对这根柱子时，只能哑口无言，甚至瞠目结舌。我要说明的是，你们看到的不是什么奇迹，而是我对自信的一点坚持。"

每个人都是自己舞台上的明星。不用别人给你灯光，自信的力量可以让你光彩四射。

独立自主的人最可爱

正像康德所说："我早已致力于我决心保持的东西，我将沿着自己的路走下去，什么也无法阻止我对它的追求。"最高的自立是追随自己的心，相信自己是正确的，不被任何人的评断所左右的精神上的自立。

剑桥郡的世界第一名女性打击乐独奏家伊芙琳·格兰妮说："从一开始我就决定：一定不要让其他人的观点消磨我成为一名音乐家的热情。"

她成长在苏格兰东北部的一个农场，从八岁时她就开始学习钢琴。随着年龄的增长，她对音乐的热情与日俱增。不幸的是，她的听力却在渐渐地下降，医生们断定是难以康复的神经损伤造成的，而且断定到十二岁，她将彻底耳聋。可是她对音乐的热爱却从未停止过。

她的目标是成为打击乐独奏家，虽然当时并没有这么一类音乐家。为了演奏，她学会用不同的方法"聆听"其他人演奏的音乐。她只穿着长袜演奏，这样她就能通过身体和想象感觉到每个音符的震动。她几乎用所有的感官来感受着她的整个声音世界。为了成为一名音乐家，她向伦敦著名的皇家音乐学院提出了申请。

因为以前从来没有一个耳聋的学生提出过申请，所以一些老师反对接收她入学。但是她的演奏征服了所有的老师，她顺利地入了学，并在毕业时获得了学院的最高荣誉奖。

从那以后，她成为第一位专职的打击乐独奏家，为打击乐独奏谱写和改编了很多乐章。在那之前，还没有专为打击乐而谱写的乐谱。

至今，她作为独奏家已经有十几年的时间了。伊芙琳用行动告诉我们世界上没有做不到的事情，所有的成功都源自自信和独立的力量。正如有句话说："在这个世界上最坚强的人是孤独地只靠自己站着的人。"这样的人即使濒临绝境，也依然能超越自身和一切的痛苦，进入真正自主的世界。赤橙黄绿青蓝紫，谁都有自己的一片天地和特有的亮丽色彩。不要总是踩着别人的脚步走，不要听凭他人摆布，要勇敢地驾驭命运，做自己的主宰，做命运的主人。

一位成功人士回忆他的经历时说："小学六年级的时候，我考试得了第一名，老师送我一本世界地图。我好高兴，跑回家就开始看这本世界地图。很不幸，那天轮到我为家人烧洗澡水。我就一边烧水，一边看地图，看到一张埃及地图，想到埃及很好，埃及有金字塔、有埃及艳后、有尼罗河、有法老王、有很多神秘的东西，心想长大以后如果有机会我一定要去埃及。

"看得入神的时候，突然有人从浴室冲出来，用很大的声音跟我说：'你在干什么？'我抬头一看，原来是父亲。我说：'我在看地图。'父亲很生气，说：'火都熄了，看什么地图！'我说：'我在看埃及的地图。'我父亲跑过来'啪、啪'给了我两个耳光，然后说：'赶快生火，看什么埃及地图！'打完后，又踢了我屁股一脚，把我踢到火炉旁边去，用很严肃的表情跟我讲：'我向你保证！你这辈子不可能到那么遥远的地方！赶快生火！'

"我当时看着父亲，呆住了，心想：父亲怎么给我这么奇怪的保证，真的吗？我这一生真的不可能去埃及吗？20年后，我第一次出国就去了埃及，我的朋友都问我：'到埃及干什么？'那时候还没开放观光，出国是很难的。我说：'因为我的生命不能被别人设定。'

"那一天，我坐在金字塔前面的台阶上，买了张明信片寄给父亲。我写道：'亲爱的父亲：我现在在埃及的金字塔前面给你写信。记得小时候，你打我两个耳光，踢我一脚，保证我不能到这么远的地方来，现在我就坐在这里给你写信。'我写信的时候感触很深，而父亲收到明信片时跟我妈妈说：'哦！这是哪一次打的，怎么那么有效？一脚踢到埃及去了。'"

这位成功人士的情绪之所以没有受到父亲的影响，正是源自"我的生命不能被别人设定"的信念。的确，在宇宙的中心，回响着那个坚定神秘的音符——"我"。如果你听从它的呼唤，致力于你追求的东西，那么你必将突破别人对你的设定，牢牢掌控你的命运。正如泰戈尔所说："我存在，乃是所谓生命的一个永久的奇迹。"人若失去自己，是一种不幸；人若失去自主，则是最大的缺憾。

生命始终蕴藏着巨大的潜能。只要我们能坚定不移地笑对生活，对自己的生命拥有热爱之情，对自己的潜能抱着肯定的想法，生命就能爆发出前所未有的能量，创造出令人惊奇的成绩。

善于发现自己的优点

人人都潜藏着独特的天赋。这种天赋就像金矿一样埋藏在看似平淡无奇的生命中。那些总是羡慕别人，认为自己一无是处的人，是挖掘不到自身的金矿的。

要学会欣赏自己、珍爱自己、为自己骄傲。没有必要因别人的出色而看轻自己。也许，你在羡慕别人的同时，自己也正被他人羡慕着。

有些人对自己的缺点耿耿于怀，却看不见自己身上的优点。一片树叶总有一滴露水养着，人人都会有属于自己的一片天地。

有一个叫爱丽莎的美丽女孩，总是觉得自己没有人喜欢，总是担心自己嫁不出去。

一个周末的上午，这位痛苦的姑娘去找一位有名的心理学家。心理学家请爱丽莎坐下，跟她谈话，最后他对爱丽莎说："爱丽莎，我会有办法的，但你得按我说的去做。"他要爱丽莎去买一套新衣服，再去修整一下自己的头发。他要爱丽莎打扮得漂漂亮亮的，告诉她星期一他家有个晚会。他要请她来参加，并按照他的嘱咐行事。

星期一这天，爱丽莎衣衫合适、发式得体地来参加晚会。她按照心理学家的吩咐尽职尽责，一会儿和客人打招呼，一会儿帮客人端饮料，她在客人间穿梭不停，来回奔走，始终在帮助别人，完全忘记了自己。她眼神活泼、笑容可掬，成功发挥了自己优雅得体、乐于助人的优势，成了晚会上的一道彩虹。晚会结束后，有三位男士自告奋勇要送她回家。

在随后的日子里，这三位男士热烈地追求着爱丽莎。她选中了其中一位，让他给自己戴上了订婚戒指。不久，在婚礼上，有人对这位心理学家说："你创造了奇迹。""不，"心理学家说，"是她自己为自己创造了奇迹。人不能总想着自己、怜惜自己，而应该想着别人、体恤别人。爱丽莎懂得了这个道理，所以变了。所有的女人都能拥有这个奇迹，只要你想，你就能让自己变得美丽。"

要充分肯定自己的长处，始终如一。

自然界有一种补偿原则，当你在某方面很有优势时，肯定在另一个方面有不足。而当你在某个方面拥有缺点时，肯定又在另一个方面拥有优点。如果你要想出类拔萃，就必须腾出时间和精力来把自己的强项磨砺得更加犀利。

高情商的人，在漫漫的人生旅途中，能找到自己的强项与优势，同样也就找到了通往成功的大门。如果你是鱼，就跳进大海，在茫茫的大海里尽情畅游；如果你是鹰，就飞向蓝天，在广阔的天空里自由翱翔。

打造一颗超越自己的心

每天超越自己，哪怕超越一点点，就能每天都有进步，你就越来越接近成功。如果对自己缺乏信心，即使是最简单的事，对你来说也是一座无力攀登的险峰。

每个人心中都沉睡着一个"巨人"。唤醒他，他就能助你完成自己的人生理想。可惜大部分人还没有唤醒心中的"巨人"就已经离开了人世，这是一个巨大的悲哀。

怎样唤醒心中的"巨人"呢？一定要实现历史伟人那样的丰功伟业才算是不枉此生吗？也不尽然。可能是一次意外事件的刺激，也可能是长期一点一滴的改变。

1968年，在墨西哥奥运会的百米赛场上，美国选手海恩斯撞线后，激动地看着运动场上的计时牌。当指示器打出9.9秒的字样时，他摊开双手，自言自语地说了一句话。

后来，有一位叫戴维的记者在回放当年的赛场实况时再次看到海恩斯撞线的镜头。这是人类历史上第一次在百米赛道上突破10秒大关。看到自己破纪录的那一瞬间，海恩斯一定说了一句不同凡响的话。但这一新闻点，竟被现场的四百多名记者疏忽了。因此，戴维决定采访海恩斯，问问他当时到底说了一句什么话。戴维很快找到海恩斯，问起当年的情景，海恩斯竟然毫无印象，甚至否认当时说过话。戴维说："你确实说了，有录像带为证。"海恩斯看完戴维带去的录像带，笑了。他说："难道你没听见吗？我说：'上帝啊，那扇门原来是虚掩的。'"谜底揭开后，戴维对海恩斯进行了深入采访。

自从欧文斯创造了10.3秒的成绩后，曾有一位医学家断言，人类的肌肉纤维所承载的运动极限，不会超过每秒10米。

海恩斯说："30年来，这一说法在田径场上非常流行，我也以为这是真理。但是，我想，自己至少应该跑出10.1秒的成绩。每天，我以最快的速度跑5000米。我知道百米冠军不是在百米赛道上练出来的，所以我每天尽可能地跑得更快，尽可能地超越自己。当我在墨西哥奥运会上看到自己9.9秒的纪录后，惊呆了。原来，10秒这个门不是紧锁的，而是虚掩的，就像终点那根横着的绳子一样。"

后来，戴维撰写了一篇报道，填补了墨西哥奥运会留下的一个空白。不过，人们认为它的意义不止于此。海恩斯的那句话，为我们留下的启迪更为重要，因为只要推开那扇门，我们就超越了。

成功的动力源于拥有一个不断超越的进取目标。人生就是一个不断超越的过程。

追求超越自我的人，每一分每一秒都活得很踏实。他们尽其所能享受、关心他人、做事并付出。除了工作和赚钱以外，他们的人生还有其他意义。若非如此，即使居高位、生活富裕，也会感到空虚、乏味，不知生活的乐趣来自哪里。

在成长的过程中，很多人因为来自社会、家庭的议论、否定、批评和打击，奋发向上的热情慢慢冷却，逐渐丧失了信心和勇气，对失败惶恐不安，变得懦弱、狭隘、自卑、孤僻、害怕承担责任、不思进取、不敢拼搏。事实上，他们不是输给了外界压力，而是输给了自己。很多时候，阻挡我们前进的不是别人，正是我们自己。

自信心训练

满怀自信的人更容易获得健康心态。那么，如何获得自信心呢？著名的成功学大师拿破仑·希尔曾提出通过自我暗示获得自信心的五个步骤：

（1）我要求自己为实现这项目标而持续不断地努力，我要立即采取行动。

（2）我明白，我的思想最后将落到实际行动上。我每天花三十分钟的时间集中思想，思考我要变成怎样的人，创造出一个明确的心理影像。

（3）我知道，我一再坚持的核心欲望，最终必会实现。每天要花十分钟的时间，暗示自己"我能达成心愿"。

（4）我已经清楚地写下一篇声明，描述我生活中主要的目标，我要不停地努力，直到我发现对实现这项目标充满自信为止。

（5）我不会做出对所有人不利的行为。我将尽力争取其他人的合作，以获得成功。

我乐于为其他人服务，所以他人也会自发为我服务。我将消除憎恨、忌妒、自私及怀疑，表现出对所有人的爱心。我知道消极的态度，永远不会使我获得成功。我将在这份声明上签上我的姓名，并下决心把它背诵下来，每天大声朗读一遍，并充分相信，它将逐渐影响我的思想与行动，使我成为一个自信而成功的人。

认真地反复读上面这些话，你就给了自己积极的情绪暗示。

享受平静：改变从心开始

"接受"才会平静

在荷兰阿姆斯特丹，有一座 15 世纪建造的寺院。寺院的废墟里有一个石碑。石碑上刻着：既已成为事实，只能如此。

天有不测风云，人有旦夕祸福。人活在世上，谁都难免会遇上几次灾难或某些难以改变的事情。世上有些事是可以抗拒的，有些事是无法抗拒的。如亲人亡故和各种自然灾害，既已成为事实，你只能接受它、适应它。否则，忧闷、悲伤、焦虑、失眠会接踵而来。最后的结局是，你没有改变这些事实，反而让它们改变了你。

有一位老教授，他有一只祖传三代的玉镯，每天擦了又擦、看了又看，真是爱不释手。一天，玉镯掉在地上摔碎了，老教授心痛万分，从此茶饭不思，人变得越来越憔悴。时隔一年，他离开了人世。最后咽气时，手里还紧紧攥着那只破碎的玉镯。

任何人遇上灾难，情绪都会受到影响。这时一定要操纵好情绪的"转换器"。面对无法改变的不幸或无能为力的事，就抬起头来，对天大喊："这没有什么了不起，它不可能打败我。"或者耸耸肩，默默地告诉自己："忘掉它吧，这一切都会过去！"

紧接着就要往头脑里补充新东西，这种补充能使情绪"转换器"发生积极作用。最好的办法是用繁忙的工作去填补，也可以通过参加有兴趣的活动来抚平心灵的创伤。如果这时有新的思想和意识突发出来，那就是最佳的补充和转换。

物理学家普朗克，在研究量子理论的时候，妻子去世，两个女儿先后死于难产，儿子又不幸死于战争。面对这一系列的不幸，普朗克没有过多地去怨悔，而是用废寝忘食的工作来转移自己内心巨大的悲痛。情绪的转换不但使他减少了痛苦，还促使他发现了基本量子，获得了诺贝尔物理学奖。控制消极情绪，才能拯救自己。

建一道宠辱不惊的防线

平和不是看破红尘心灰意冷，也不是与世无争、冷眼旁观、随波逐流，而是一种修养、一种境界。

拜伦说："真正有血性的人，绝不乞求别人的重视，也不怕被人忽视。"爱因斯坦用支票当书签，居里夫人把诺贝尔奖牌给女儿当玩具。莫笑他们的"荒唐"之举，这正是他们淡泊名利的平常心的表现。他们赢得了世人的尊重和敬仰，也震撼了我们的灵魂。

日本有个白隐禅师。他对宠辱的超然态度，受到了人们的尊重。

有一对夫妇，在住处附近开了一家食品店，家里有一个漂亮的女儿。无意间，夫妇俩发现女儿的肚子无缘无故地大起来。这种羞耻的事，使得她的父母震怒异常！在父母的一再逼问下，她终于吞吞吐吐地说出"白隐"两字。

她的父母怒不可遏地去找白隐理论，但这位大师不置可否，只若无其事地答道："就是这样吗？"孩子生下来后，就被送给白隐。此时，白隐的名誉虽已扫地，但他并不以为然，只是非常细心地照顾孩子——他向邻居乞求婴儿所需的奶水和其他用品，虽不免横遭白眼，或是冷嘲热讽，但他总是处之泰然。

事隔一年后，这位未婚妈妈终于不忍心再欺瞒下去了。她向父母吐露真情：孩子的生父是在鱼市工作的一名青年。

她的父母立即将她带到白隐那里，向他道歉，请求他原谅，并将孩子带回。

白隐仍然是淡然如水。他只是在交回孩子的时候，轻声说道："就是这样吗？"仿佛不曾发生过什么事，所有的责难与难堪,对他来说,就如微风一般,风过无痕。

是非公道自在人心。人是为自己而活,不要让外物的得失而扰乱了自己的心。白隐守住了自己心中的那份平和,外界的非议对他来说,也就无足轻重了。

拥有平和的心态,笑对一切,失败了不要一蹶不振,无愧地对自己说:"天空不留下我的痕迹,但我已飞过。"(泰戈尔语)把自己的人生提升到一种宠辱不惊的境界。

拒绝内在的浮躁

浮躁,乃轻浮急躁之意。一个人如果情绪容易轻浮急躁,就不会干好任何事。

他们做事情既无准备,又无计划,只凭一时的兴趣就动手去干。他们不是循序渐进地稳步向前,而是恨不得一锹挖成一眼井,一口吃成胖子。结果呢,必然是事与愿违,欲速不达。

"罗马不是一天建成的"。浮躁的人总想一蹴而就,恨不得一下子把事情做好、做完。浮躁使人患得患失、焦躁不安、心神不宁,使人们产生了各种情绪疾病。

传说在古时候有两兄弟很有孝心,每日上山砍柴卖钱为母亲治病。神仙为了帮助他们,便教他们可用四月的小麦、八月的高粱、九月的稻、十月的豆、腊月的雪，放在千年泥做成的大缸内密封四十九天，待鸡叫三遍后取出，汁水可卖钱。兄弟两人各按神仙教的办法做了一缸。待到四十九天鸡叫两遍时，老大耐不住性子打开了缸，一看里面是又臭又黑的水，便生气地洒在地上。老二坚持到鸡鸣叫三遍后才揭开缸盖，里边是又香又醇的美酒。

　　从老大的失败和老二的成功中便能看出：戒除浮躁，真正静下心来才能够把事情做成功。越是浮躁，就会在错误的思路中越陷越深，也就离成功越来越远。

　　浮躁虽然是一种较浅层次的负面情绪，但也是各种深层情绪疾病的根源。它的表现形式呈现出多样性。可以这样说，人的一生是同浮躁作斗争的一生。当因为压力太大、烦琐忙碌、缺乏信仰、过分追求完美等而使问题不能得到解决时，便生了浮躁之心。

　　古人云："锲而不舍，金石可镂。锲而舍之，朽木不折。"成功人士之所以能够获得成功的重要秘诀就在于，他们将全部的精力、心力放在同一目标上。许多人虽然很聪明，但心存浮躁，做事不专一，缺乏意志和恒心，到头来是一事无成。

　　古代有一个年轻人想学剑法。于是，他就向一位当时武术界最有名气的老者拜师学艺。老者把一套剑法传授于他，并叮嘱他要刻苦练习。一天，年轻人问老者："我照这样练习，需要多久才能够成功呢？"老者答："三个月。"年轻人又问："我晚上不去睡觉来练习，需要多久才能够成功？"老者答："三年。"年轻人吃了一惊，继续问道："如果我白天黑夜都用来练剑，吃饭走路也想着练剑，又需要多久才能成功？"老者微微笑道："三十年。"年轻人愕然……

我们生活中要做的许多事情如年轻人练剑一样，除了要用心用力去做，还应顺其自然，才能成功。

如果你的心已经是滚烫的九十九度热水，那么外界的一点热度，就会让你的心沸腾到一百度，情绪泛滥，无法抑制。

我们需要的是二十度不冷不热的心态，刚好能感知冷暖，而不会瞬间爆发。拒绝内心的浮躁，有条不紊地去生活。

倾听内心宁静的声音

内心的声音，在繁忙与喧嚣中被淹没。物质欲望在慢慢吞噬人的灵性和光彩。我们留给自己的内心空间被压榨到最小。我们狭隘到已没有"风物长宜放眼量"的胸怀和眼光。我们开始患上种种千奇百怪的情绪疾病，心理医生和咨询师在我们的城市也渐渐走俏。我们去求医、去问诊，然后期待在内心喑哑的日子里寻求情绪的平衡。

一个老人在池塘中种了一片莲花，莲花盛开的时候，引来众人驻足，啧啧称赞。突然一夜狂风暴雨，第二天池塘里的莲花不再，留下一片狼藉，惨不忍睹。围观的人们纷纷感叹，无比惋惜。有好心人安慰老人："天公不作美，没有体恤你种植的辛苦，你真是太可怜了。"老人却宽心一笑，说："这没什么遗憾，更谈不上可怜。我种莲花是种植的乐趣。乐趣我早已得到，而莲花的衰败是迟早的。何必为此感伤呢？"众人闻言无语。

像故事中的老人一样豁达地面对人生的得与失。贪婪的人永远不会幸福，而且时时处在渴求和痛苦之中。

抛却心中的"妄念"，能够于利不趋、于色不近、于失不馁、于得不骄，进入宁静致远的人生境界。

享受孤独

孤独是一种难得的感觉。在感到孤独时轻轻地合上门窗，隔着外面喧闹的世界，静静地坐在书架前，用粗糙的手掌爱抚地拂去书本上的灰尘，翻着书页嗅觉立刻又触到了久违的纸墨清香。正像作家纪伯伦所说："孤独，是忧愁的伴侣，也是精神活动的密友。"孤独，是人的宿命，更是精神优秀者所必然选择的命运。

布雷斯巴斯达曾说："所有人类的不幸，都是起始于无法一个人安静地坐在房间里。"追求清静是许多人的梦想，然而许多人却害怕孤独。其实，孤独是人生中的一种境界，是那种"你在桥上看风景，看风景的人在桥上看你"的美丽。

孤独就像个沉默少言的朋友，在清静淡雅的房间里陪你静坐，虽然不会给你谆谆教导，却会引领你反思生活的本质及生命的真谛。孤独时，你回味一下过去的事情，以明得失，也可以计划一下未来，以未雨绸缪；你也可以静下心来读点书，让书籍来滋养一下干枯的心田；也可以和伴侣一起去散散步，弥补一下失落的情感；还可以和朋友聊聊天，谈古论今，不是神仙，胜似神仙。

孤独，实在是内心一种难得的感受。当你想要躲避它时它正与你同在。此时，不妨关上门窗，隔去外界的喧嚣，一个人，细心品味孤独的滋味。你更好地透视生活，在人生的大起大落面前，保持一种洞若观火的清明和远观的睿智。

孤独常常不请自来。在广阔的田野上，在"行人欲断魂"的街头，在幽静的校园里，在深夜黑暗的房间中，你都能隐约感受到孤独的灵魂。在现代社会中为生存而挣扎的人总会有一种身在异国他乡之感：冷漠、陌生，好像"站在森林里迟疑不定，不知走向何方"，好像"动物引导着自己"，"感到在众人中比在动物中更加危险"，又好像"独坐在醉醺醺的世人之中"，哀诉人间的不公正。

　　保留一点孤独可以使你"远看"事物，即对事物进行远景透视，达到万物合一、生命永恒的境界。尘世无数人眷恋轰轰烈烈，没头没脑地聚集在一起互相排挤、相互厮杀。智者却能以孤独之心看孤独之事，自始至终都保持独立的人格，流一江春水细浪淘洗劳累忙碌的身躯，存一颗娴静淡泊之心寄寓无所栖息的灵魂。

　　让理性沉思，与灵魂交流，在菩提梵境里孤独致远。

清楚什么是自己想要的

　　任何时候，都要清楚自己真正想要的是什么。

　　李洁大学毕业后进了一家刚起步不久的展览公司，该公司在一所著名的办公楼里。依照流行的说法，她也算是一个白领了。在这家公司里，李洁做得很辛苦，经常不计报酬地加班，终于脱颖而出，工作刚刚一年，荣升为项目主管。

　　李洁远在日本的男友决定回国发展并且和李洁结婚，李洁等了五年的爱情终于修成正果。众人都为李洁高兴：婚姻美满，事业顺利。婚后，李洁怀孕了，还是双胞胎。医生嘱咐她静养保胎，但是这在工作异常繁重、压力巨大的展览公司里是不能做到的。

李洁的丈夫犹豫了："你还非常年轻，事业刚刚起步，孩子我们以后还是可以有的。"李洁说："不，这是最好的礼物，我能拥有它，就是最大的幸福。"李洁辞去了工作，获得了两个可爱的儿子。后来，李洁在一家公司里做协调员。因为两年没有工作，李洁还要从头做起。

她以前供职的展览公司一跃成为著名跨国展览公司，举办了国际广告展会，从前的同事也全部升为项目经理，职位、薪金要比李洁高许多，而李洁依旧快乐地工作着、生活着。不久，在新的公司里，她博得了上司青睐，家庭也十分和睦。

李洁清楚地知道自己想要什么，不要什么。她没有被世俗的观念以及急功近利的浮躁所俘获，而是按照自己的方式，放弃了别人眼中那些所谓的成功，选择了一种简单舒适的生活。

英国哲学家伯兰特·罗素说过："动物只要吃得饱，不生病，便会觉得快乐了。"忘记了什么是自己真正想要的，这样的人只会看到生活的烦琐与牵绊，得不到生活的简单和快乐。

失不悸怕，得不忘形

在奥运会上夺得金牌的冠军，接受媒体采访时，说得最多的一句话就是：保持了平常的心态。

很多人并不是败给自己的能力，而是败给自己无法掌控的心态。工作中在激烈的竞争与强烈的成功欲望的双重压力下，从业者往往会出现焦虑、急躁、慌乱、失落、颓废、茫然、百无聊赖等负面的情绪。这类情绪一旦发作，就会让人变得无所适从。

古人云："宁静以致远，淡泊以明志。"只要能远离浮躁，保持一颗平常心，就能超越自己，成为一名成功人士。

保持一颗平常心主要有以下几个方面的好处：

1. 可以让人更容易接近

工作与生活中，有些人喜欢张扬自我，说一些冠冕堂皇的话，给自己的言行做各种粉饰。尤其名利得失之心较重的人，更喜欢处处炫耀自己比别人优秀。这样的人很难接近。保持平常心的人不会如此。

2. 可以让你更好地认识自己

拥有平常心可以更清楚地认识自我，把自己的内心从身体中分隔出来，再从外界仔细地审视。能做到这一点，我们才能更准确地了解自己。这样做的人很少会犯错误，因为他们清楚自己的特长和缺点，不会受偏见的左右。

3. 可以让你更好地摆脱忧虑

忧虑引发的疾病要比生理上的疾病多。有些医生指出，医院里一半以上病人的不适都是忧虑引起的。其实很多事情发生以后，我们才会发现过去所忧虑的事儿真是小题大做、荒谬可笑。只要心平气和，就不会为琐碎小事烦忧。

4. 可以让你正确地对待错过的东西

一位哲学家说过："过去是一张透支的支票，明天是一张未到期的期票，只有今天才是现金，是最值得珍惜的。"抱怨不能改变过去，不如重新开始。

忧虑未来就是浪费今天的精力。保持一颗平常心可以让你正确地看待错过的东西，更积极、有效地开展自己的工作。

或许我们曾经失去了某种重要的东西，错过了很多不该错过的事情；也或许我们正在恐惧一些即将发生的事情惶惶不可终日。现在开始，拥有一颗平常心，心平气和地对待一切，不要害怕失去，也不要害怕得到，生活将会是另一片崭新的天地。

释放正能量：养成好情绪

每个人都可以由平凡走向卓越

在现实生活中，许多人总觉得自己太平凡了，既没有有钱有势的父母，也没有超人的天赋，因此要想成功实在太难了。在戴维的学员中，刚开始参加辅导班时抱有这种想法的也大有人在。但是，根据戴维的观察和研究以及班上许多学员的成功经历，都证明了一个事实——即使你是一个平凡得不能再平凡的人，只要通过自己的努力，也可以由平凡走向卓越。

几年前，戴维和一位朋友结伴旅行，到了德国南部的一个小城。当他们经过一家杂货店的时候，戴维的朋友忽然停下脚步，指着楼上的一间小房说："你知道吗，这间简陋的小楼，就是大数学家爱因斯坦诞生之地。"

于是，戴维去拜访了爱因斯坦的叔父。但结果令他很失望，因为爱因斯坦的叔叔并没有告诉戴维有关爱因斯坦任何不同于常人的地方；相反，爱因斯坦的叔叔极兴奋地对戴维讲了许多爱因斯坦小时候的愚蠢：例如因为举止迟钝而害羞，说话结结巴巴，他的父母担心他的智力不及常人，连学校的教师也对他摇头绝望，叫他"笨蛋"，认为他没法教育。

可是，谁又能想得到，这么一个奇笨无比的孩子，后来竟被全世界公认为当代最杰出的聪明人、古往今来最伟大的思想家之一呢？

翻遍人类史册，像爱因斯坦这样轰然雷鸣般地闻名于世，也是一件不可思议的事。最值得惊异的是，他以一位"物理教授"的身份，竟如此迅速地"走红"，成为全球报刊文章的重要宣传对象；以"科学家"的身份，竟能像拳王乔·路易般闻名遐迩。这又有谁会相信呢？但事实上你又不得不信！

可是，更稀奇的事还有呢！爱因斯坦的名字虽然早已经"红得发紫"，可是他自己竟然还不知道，直到后来他才突然"发觉"了。有一次他在回答新闻记者的提问时，还说自己"成名"得有些"莫名其妙"。

对于爱因斯坦来说，没有任何一件事物可使他过于"喜爱"，也没有任何一件事物使他过于"憎恶"。大多数人所急切追求的名声、富贵和奢华，他都看得非常轻淡。据说，有一次某艘轮船的船长为了优待爱因斯坦，特意将全船最精美的房间让出来给他，没想到却被他严词拒绝了。因为他不愿意接受这种特别优待，而甘愿睡在最下等的船舱里。德国当局为了表示对爱因斯坦的厚爱和敬重，在他过 50 岁生日时，特意在普斯丹城为他建造了一座半身铜像，还赠送给他一套精致的住宅和一艘小游艇。然而，爱因斯坦的遭遇实在是太不幸了，希特勒上台后，他不得不亡命国外，有一段时间住在比利时；他的财产全部被没收。他的家门也被上了锁，还有一位警探每夜睡在他的床边。这一切都只因为他是犹太人。

当他接受美国纽约普林斯顿大学的聘请，前往该校讲学时，为了避免新闻记者访问带来麻烦，爱因斯坦预先嘱咐他的朋友，在船还没有靠岸以前，先悄悄地用驳船驶到半路上去接他，然后换汽车开到学校。

虽然解释爱因斯坦"相对论"学说的书籍现在已出了 900部以上，但据爱因斯坦自己说，真正了解他的"相对论"的人，却只有 12 人。爱因斯坦曾用过一个简明的例子解释他的"相对论"：当一个美丽的姑娘陪着你对坐一小时的时候，你会觉得只有一分钟；但如果你在火炉上坐上一分钟的话，你会觉得有一小时那么久。

爱因斯坦一生结过两次婚，他的第一任太太还为他生了两个聪明的孩子。最有趣的是，爱因斯坦的夫人却不懂他的"相对论"。不过，她知道应该如何当一个太太，应该如何照顾好丈夫。比如,当她邀请朋友在家里聚会时,她想要求丈夫也参加盛会,但爱因斯坦往往会严厉地回答:"不!不!我不能忍受这样的骚扰,这会使我不能安心工作。我要立刻离开。"这时,爱因斯坦夫人就会耐心地等他发怒完毕,再和他说几句好话,使他乖乖地跟她下楼参加她们的聚会,而爱因斯坦也可因此得到一些休息。

据爱因斯坦夫人说,她的丈夫在思想上是极其愿意遵守秩序的,但在日常生活上,他倒愿意"随便"而不想受到约束,想做什么就做什么,喜欢什么时候做就什么时候做。他给自己定了两条规则:一条是不要任何规则;另一条是不受任何人意见的支配。

爱因斯坦的日常生活非常简单。他平时总是穿一套不整齐的旧衣服,经常不戴帽子,在浴室里常常吹着口哨或哼着歌曲。他虽然打算解决复杂的宇宙之谜,但同时也认为不能将人生的享受搞得过分复杂。他在洗澡后刮胡子时,总是用洗澡肥皂而不用刮面香皂,他认为用两种肥皂太浪费了。

爱因斯坦确实是一个非常懂得享受快乐的人。他的快乐主张便是一种很好的哲学,也许还要胜过他那著名的"相对论"呢。因为他的快乐很简单,不需要从任何人身上获取;他淡泊金钱、名利和礼赞,可是他能够从工作中、小提琴上或划船上得到快乐——爱因斯坦的小提琴确实是他生命中的重要一环，还有什么能比小提琴更使他感兴趣的呢？

还有一次，戴维在纽约的温德比尔特饭店吃饭，发现一个女人的记忆力很好。她是替顾客管理衣帽的职员。当戴维把衣帽交给她之后，她没有给戴维号牌。戴维很奇怪地问她为什么不给我，她笑着说："不必多此一举了，因为我会记住。"接着，她兴奋地告诉戴维，在这家大饭店吃饭的顾客常常有一两百人，他们的衣帽都挂在一起，但当他们离开饭店时，她从来没有递错过他们的衣帽。当然，戴维并不能完全相信她的话。但是，当戴维和饭店经理谈到这件事时，这位经理也得意地说："她吗？啊！这十五年来，她还从来没有弄错过一次呢！"

这使戴维想起了记忆力极差的电灯发明者爱迪生。这位伟人的幼年时期，正是以健忘而闻名。他在学校里会把所学到的东西全都忘掉，而且他在全年级中的成绩也是最差的，连老师也对他没有办法：没有一个人不抱怨，说他又蠢又笨。甚至有些医生在检查他的大脑时，发现有特殊的怪异现象，于是他们竟武断地预言，他必将死于脑部疾病。

据熟悉爱迪生的人说，他一生只在学校读过三个月的书，以后完全在家中接受母亲的教育。他的母亲实在是一个聪明人，谁会想到她竟能够把她的儿子——许多人都认为不堪造就的小家伙,教育成一代伟大的发明家呢!不错,我们相信爱迪生幼年时的记忆力极差,但我们也无法否认的是,他对于今天的科学界做出了划时代的贡献。

爱迪生究竟健忘到了什么样的地步呢?这里有两个小故事。

有一次,爱迪生到税务局去纳税时,正全身心地思索科学上的一个重要问题。当时纳税的人极多,排成了一条长龙,人们按顺序依次到柜前付款。等轮到他的时候,他竟说不出自己的名字,虽然他竭力思索了好长时间,但无奈他已忘得一干二净。结果,还是他的邻居提醒,他才记起来自己的名字叫汤玛斯·爱迪生!

爱迪生努力工作的程度也令人吃惊,他经常整天整夜地埋头于实验室做研究。有一天早晨,仆人送来早点,他正在睡觉,仆人不敢惊动他。这时,他的助手们已经吃完了早餐,他们趁着片刻的休息时间,想戏弄他一次。于是,他们把空碟子放在爱迪生面前,等他醒来时,看见这些空碟子、喝干了的咖啡杯和满桌子的面包屑,爱迪生竟怀疑地擦了擦自己的眼睛,想了一下,认为自己的确已经用过了早餐。于是,他照例吸完一支香烟后,又开始工作。直到他的助手们哈哈大笑时,他才知道自己被他们愚弄了。

因此，假如你认为自己的记忆力很差，那也不必悲观，记忆力好坏并不影响你的事业，也并不减损你的伟大。爱迪生便是一个极好的例证。

在世界名人中，还有杰出的女性代表，例如美国著名影星嘉宝，就是从一个无名女孩一跃而成为好莱坞的当红演员的。据我们所知，有两位著名的人物都曾在理发店工作过，他们知道如何把肥皂和水搅和在一起，涂在顾客脸上，然后等理发师给顾客们刮去胡须。这两个人就是嘉宝和卓别林——他们起初都曾受生活的压迫，从事过这一职业。

嘉宝刚到美国时，不过是一个 19 岁的少女。她离开了祖国瑞典，孤身一人踏上了她羡慕已久的"黄金之国"。没有一个人认识她，而且她也不会说英语。然而，在十几年之后，她却成为世界上最负盛名的女性之一。

幼年时代的嘉宝，就已经充分展现了她那与众不同的个性。她最恨枯燥乏味的学校生活，所以经常逃学。有时到了学校，她会趁老师不注意，一个人偷偷地溜出来，跑到戏院后面的走廊上看戏，因为站在这里是不需要买票的。当她看得兴奋的时候，就会急急忙忙跑回家中，取出平时玩耍用的水彩，把自己满脸涂得五颜六色，说自己是在模仿法国著名演员普萨瑞·哈特。

嘉宝 14 岁时父亲就去世了，因此家境日益贫困。她只能辍学，到一家理发店工作。不久，她又转到斯托克荷姆市的一家商店当推销帽子的职员。为了促销，这家公司的售帽部决定拍一部影片，宣传帽子，嘉宝有幸被选为模特。这原来是一件极普通的事，可是谁也没想到这件事却使嘉宝从此脱离了平凡，开始走向卓越之路。甚至嘉宝后来也说："这是我做梦也想不到的。"

原来，这部宣传帽子的促销影片，被一位著名导演看到了。他觉得片中的模特嘉宝很有演戏天赋，尤其是她那种近乎神秘而又不乏天真的诱惑力，更是难能可贵。他竭力鼓励她放弃现在的工作，进入戏剧学校学习，将来必有惊人成就。嘉宝这时候才16岁，要嘉宝放弃已有的固定职业，放弃原来的薪水，再花钱进入戏剧学校学习，的确是一次困难的抉择。假如她是没有远大眼光和巨大勇气的人，她是绝对不会这样做的。嘉宝确信自己对戏剧极其感兴趣，自己将来必有成功的希望，于是听从了这位导演的劝说，毅然辞去了工作，开始向理想目标迈进。

有一次，瑞典著名导演马莱斯·史蒂勒来这家戏剧学校选一个女孩子担任某部影片的配角，嘉宝荣幸地获得了这个机会。那时候她还不叫嘉宝，叫葛丝塔·福生，但是由于这个名字既缺乏诗意，又不动人，而且也不容易被记住。所以，史蒂勒导演就给她取了一个令人心动的名字——嘉宝。

全世界有千百万的影迷喜爱嘉宝，但是，由于她不善交际，所以朋友很少。虽然她的名气很大，可是被介绍给陌生人时，她经常会不自觉地战栗起来。她喜爱孤独，每年都是一个人安静地在家里独自吃着圣诞晚餐。她家里没有收音机，笑声也很少，连电铃和电话声也很少听到。

嘉宝的生活非常节俭，据说她驾驶的是一辆破旧得"不可收拾"的汽车，但她还总舍不得抛弃！她家里只雇了一个车夫、一个女佣和一个厨子；她每个星期的收入达到了 7500 美元，但消费却只有 100 美元。

说出来你也许不信，嘉宝很少浓妆艳抹，她在美容方面很不在意。她从来不抹胭脂，也不涂唇膏，连指甲上也不涂彩油。她鼻子两旁有些黑斑，但她也不想用粉去掩饰。即使是在拍戏的时候，她也反对把自己打扮得过分妖艳。可是观众仍然喜爱她，虽然她原来只是一个名不见经传的丫头。

因此，如果你想通过自己的实际行动来获得终身的益处的话，就请记住：平凡并不代表失败，每个人都可以由平凡走向卓越。

一个人能否成功，关键在于他的心态

一个人能否成功，最重要的因素是他的心态。一个人如果能保持积极的心态，乐观地接受挑战，应付麻烦事，乐观地面对人生，那么，他就成功了一半。

这样一个事实是我们不得不面对的：在这个世界上，成功卓越者少，失败平庸者多。成功卓越者活得自在、潇洒、充实，失败平庸者过得艰难、拘谨、空虚。

为什么会出现这种局面？

如果仔细地观察、比较一下成功者与失败者的心态，特别是关键时刻的心态，我们将发现导致人生出现惊人不同的是心态。

有这样一个故事在推销员中广泛流传着：两个欧洲人到非洲去推销皮鞋。由于炎热，非洲人向来都是打赤脚。第一个推销员看到非洲人都打赤脚，立刻失望起来："这些人都打赤脚，怎么会要我的鞋呢？"于是他放弃努力，失败沮丧而回。另一个推销员看到非洲人都打赤脚，惊喜万分："这些人都没有皮鞋穿，这里的皮鞋市场大得很呢。"于是他想尽各种办法，引导非洲人购买皮鞋，最终发了大财，满载而归。

导致这天壤之别的就是一念之差。同样是非洲市场，同样面对打赤脚的非洲人，由于一念之差，一个人灰心失望，不战而败；而另一个人满怀信心，大获全胜。

下面是拿破仑·希尔曾讲过的一个故事，相信对我们每个人都极有启发。

塞尔玛的丈夫驻扎在一个沙漠的陆军基地里，她在那里陪伴他。丈夫奉命到沙漠里去演习，她一个人留在陆军的小铁皮房子里。天气热得让人受不了——在仙人掌的阴影下也有52摄氏度左右。她没有人可谈天——身边只有墨西哥人和印第安人，而他们不会说英语。她非常难受，就写信给父母，说要抛开一切回家去。

她收到的父亲的回信只有两行，但就是这两行信，永远留在她心中，完全改变了她的生活：

"两个人从牢中的铁窗望出去，一个看到泥土，一个却看到了星星。"

反复读了这封信，塞尔玛觉得非常惭愧。她决定要在沙漠中找到星星。于是她开始和当地人交朋友。令她非常惊奇的是他们的反应。同时，她也对他们的纺织、陶器产生了浓厚的兴趣，而他们就把自己最喜欢的、舍不得卖给观光客人的纺织品和陶器送给了她。塞尔玛研究那些引人入迷的仙人掌和各种沙漠植物、物态，又学习有关土拨鼠的知识。她观看沙漠日落，还寻找海螺壳——这些海螺壳是几万年前，这沙漠还是海洋时留下来的……就这样，原本难以忍受的环境变成了令人兴奋、流连忘返的仙境。

导致这位女士内心发生这么大转变的是什么呢？

印第安人没有改变、沙漠没有改变，而是这位女士的念头改变了，心态改变了。一念之差，使她把原先认为恶劣的环境，变为一生中最有意义的冒险。她为发现新世界而兴奋不已，并为此写了一本书，以《快乐的城堡》为书名出版了。她终于从自己造的牢房里看出去，找到了星星。

之所以在生活中，失败平庸者多，主要是心态上存在问题。遇到困难，他们总是挑选容易的倒退之路。"我不行了，我还是退缩吧。"结果陷入失败的深渊。相反，如果成功者遇到困难，则会仍然保持积极的心态，用"我要！我能！""一定有办法"等积极的意念鼓励自己，于是便能想尽办法，不断前进，直至成功。在几千次失败的试验面前，爱迪生也不退缩，最终成功地发明了电灯，照亮了世界。

因此，成功学的始祖拿破仑·希尔说，一个人能否成功，关键在于他的心态。成功人士与失败人士的差别，就在于成功人士有积极的心态，即 PMA（Positive Mental Attitude）；而失败人士则习惯于用消极的心态去面对人生，消极的心态，即 NMA（Negative Mental Attitude）（在美国成功学领域 PMA 与 NMA 已成为替代积极心态与消极心态的专有名词）。成功人士运用 PMA 黄金定律支配自己的人生，始终用积极的思考、乐观的精神和辉煌的经验支配和控制自己的人生；失败人士则是受过去的种种失败与疑虑所引导和支配，空虚、拘谨、悲观失望、消极颓废，最终走向了失败。

人生为 PMA 支配的人，拥有积极奋发、进取、乐观的心态，能乐观向上地处理人生遇到的各种困难、矛盾和问题。而人生为 NMA 支配的人，则心态悲观、消极、颓废，不敢也不去积极解决人生所面对的各种问题、矛盾和困难。

或许有人会说，他们现在的境况是别人造成的，环境决定了他们的人生位置。这些人常说他们的想法无法改变，但是，我们的境况不是周围环境造成的。说到底，如何看待人生，由我们自己决定。纳粹德国某集中营的一位幸存者维克托·弗兰克尔说过："在任何特定的环境中，人们都有一种最后的自由，就是选择自己的态度。"马尔比·D. 马布科克也曾说："最常见同时也是代价最高昂的一个错误，是认为成功有赖于某种天才、某种魔力、某些我们不具备的东西。"可是成功的要素其实掌握在我们自己的手中。一个人能走多远，并不是由人的其他因素决定的，而是与他自己的心态有很大关系。

拿破仑·希尔告诉我们，我们的心态在很大程度上决定了我们人生的成败：

（1）我们怎样对待生活，生活就怎样对待我们；

（2）我们怎样对待别人，别人就怎样对待我们；

（3）我们在一项任务刚开始时的心态就决定了最后将有多大的成功，这比任何其他因素都重要；

（4）人们在任何重要组织中地位越高，就越能找到最佳的心态。

所以，可以说我们的环境——心理的、感情的、精神的——完全由我们自己的态度来决定。

虽然有了PMA并不能保证一个人事事成功，但PMA肯定可以改善一个人的日常生活。任何一种单一的方法都不能保证一个人能凡事心想事成，只有当PMA和17个成功定律的其他定律紧密结合后，才会到达成功的彼岸；但是，奉行NMA的人则一定不能成功。拿破尔·希尔说，从来没有见过持消极心态的人能够取得持续的成功——即便碰运气取得了一时的成功，成功也只是转瞬即逝、昙花一现。

培养襟怀坦荡、与人为善的性格

日本人有一种习惯：初到一个新环境，第一件事就是向周围的同事、同学做自我介绍，然后说请大家多多关照，表达了一种希望得到信任和帮助的愿望。

工作中表现出的人与人的关系是一种相互依存的关系，因为大家的工作是共同的，必须依靠合作才能完成。而合作，又需要氛围上的和谐一致。情感上互不相容，气氛上别扭紧张，就不可能协调一致地工作。

每个人都有自己的个性、爱好、追求和生活方式，因教养、文化水平、生活经历等不同，不可能也不必要求每个人处处都与他所处的群体合拍。当然，谁都懂得，任何一项事业的成功，都不可能仅仅依靠一个人的力量，谁也不愿意成为群体中的破坏因素，被别人嫌弃而"孤军作战"，这就是共同点。一个有修养的、集体感强的人，能够利用这一共同点，以自己的情绪、语言、得体的举止和善意的态度去感染、吸引或帮助别人，使周围的关系更融洽。

与人为善，平等尊重，是与人友好相处的基础。我们应该主动热情地与周围的人接近，表达一种愿意与人交际的愿望。如果没有这种表示，别人可能会以为你希望独处，不敢来打扰你。切忌不要显出孤芳自赏、自诩清高的态度，使人产生你高人一等的感觉。不平等的态度，永远不会赢得友谊。

所以，加深友谊的原则是：培养襟怀坦荡、与人为善的性格。

蓓蒂·福特成为美国第一夫人以后，她的坦诚直率立即引起人们的注目。有些记者迫不及待地问她各种问题，她总是坦率回答。有一次，一个记者甚至问她多久跟她丈夫睡一次觉，她回答说："尽我所能。"后来，连她早年一度精神失常和她戒毒戒酒的丑闻都被捅出去了，她也满不在乎。

然而，不是所有人拥有那样开朗的性格就一定会得到普遍的爱戴——福特夫人也曾引起某些不欣赏她观点的人的不满。不过，你若能做到襟怀坦荡，人们就无法不喜欢你。

罗马教皇约翰二十三世，所到之处，无不受到热情欢迎，因为他从不装腔作势。这位贫苦农民家庭出身的儿子，一辈子宽厚待人，表里如一。当选为教皇后，他上任办的第一件公事就是访问罗马的雷几那·科里大监狱。他在给那些犯人祝福时说，他上一次来到监狱是探望他的兄弟！

他被千百万人公认为基督在尘世间的代理人，他能处处为平民百姓分忧解难，与他们共享欢乐。正如康拉德·巴兹说的，约翰二十三世是个"不戴假面具的人"。

　　心理学家希德内·乔拉德在他的《透明的自我》一书中讲述了他关于自我揭露的研究。他的主要发现是：人的性格中有一种自然的、内在的揭露自我的倾向。当这种倾向被扼制时，我们就会故步自封，陷入情感上的困扰。

　　乔拉德博士在不止一次地听病人对他说："你是第一个真诚待我的人"之后，才逐步得出了上述概念。他写道："我怀疑他们是否有什么事瞒着他们的配偶、家庭或朋友，因为他们认为要是让人看到他们的真面目，也许会使人憎恶他们。然而，当我观察处于各种人际关系中的病人时，发现自我揭露会产生好的效果。当人们取下他们的假面具时，别人反而会更乐于接近他们。有些人长时间隐瞒自己卑微的出身。其实，照实说了，反而会使人信服，更愿意亲近他们。"

　　他的结论是：一方面，习惯性的隐瞒和回避会导致人格的蜕变；另一方面，忠诚有益于健康，既可免除心理上的痛苦，也可防止生理上的疾病。

　　既然乔拉德博士关于忠诚有助健康的理论千真万确，那么，忠诚可以增进友谊更是正确无疑的了。我们喜欢那些向我们袒露自己的人。

另外，言谈举止对你也是非常重要的。谈话应选择别人感兴趣、听了愉快的话题，使人觉得你是个好打交道的朋友。只有让人从你的言谈中得到乐趣，别人才会愿意与你交谈。我们反对一味地曲意逢迎，但是善意、友好的称赞，会使人愉快；刻薄、不善意的取笑，会让人感到自尊心受到伤害，而不敢和你接近。

任何人和任何事情都不可能尽如人意。善于发现别人的长处，认识到大多数人都是通情达理的，会使自己以宽容的态度与人相处。谁都会有不顺心的时候，善于克制自己的情绪，约束自己的行为；在别人产生消极行为和情绪时又能予以谅解，是一种有教养的表现，会使大家处处感到你友好的态度。

送人玫瑰，手有余香

学会感恩是人的本能。我们赤裸裸地来到人世，从无知到长大成人，每时每刻都在享受着大自然、亲朋和无数陌生人给予的恩惠。我们被爱紧紧围绕着。等我们哪一天老了，我们也要牢牢记住，为这些曾经关爱过我们的人送上一份爱。这种爱就叫作"感恩"。

哈利和一个朋友被困在沙漠里，后来哈利偶然发现了满满一杯水。是先给朋友，还是留给自己慢慢救命呢？

哈利选择了后者，他没有把水分给朋友。他竭尽全力向沙漠深处跑去，想独享这比黄金还要珍贵的水，但朋友在后面使劲追赶。哈利跟跟跄跄，慌不择路，又要护住杯中的水，累得够呛，朋友也气喘吁吁。追了多久不得而知，最后哈利一不小心，一杯水全泼到了黄沙里。结果两人一滴也没喝进嘴，筋疲力尽，求生的勇气全无，很快就被黄沙埋葬。

也许，生活中许多人会自觉或不自觉地选择哈利的做法。

其实何妨把半杯水分给别人呢？要知道，这同时也救了自己。

再看看下面这个故事。

故事开始时，乔治只是英国一家手工作坊的小业主。很不幸，一场经济危机使他陷入了困境，产品卖不出去，资金周转不开，物价暴涨，他面临破产的威胁。友人纷纷劝他赶快裁员，以减轻经济负担。乔治思考良久，终于做出决定，准备采用友人的建议。

不知怎么，消息传到了老乔治的耳朵里。第二天清晨，老乔治来到办公室，勒令他收回成命。乔治不服，老乔治便当场解除了乔治的职务。中午，老乔治走进了工人餐厅。看见大家一脸憔悴、苍白，碗里是白水煮的青菜和几片豆腐，老乔治立刻从街上的小餐馆花三英镑买回两碗红烧肉，端进餐厅，哽咽着，动情地说:"兄弟们,你们受苦了。现在,我已解除了他的职务,并且从今以后,每天中午我和你们一起吃饭——当然,价值三英镑的红烧肉必不可少!"工人们欢呼起来。那时候,三英镑还是个不小的数目——足以维持老乔治夫妇一天的基本生活。

每天的三英镑所带来的效益却是无法用具体的数据计算的。工人们因为心存感激,便拼命干活,努力降低成本,竟然使这个手工作坊慢慢渡过了难关,又一步步发展壮大,最终成为全英一家著名的电器公司,总资产超过了千万。细细想来,老乔治不过是把"半杯水"慷慨地分给了工人。

从老乔治朴素的语言和行为里,我们可以看出一些经营之道。从小事做起,从"半杯水"开始,从最打动人心的角度入手,可以说,他创造了一个奇迹。

假如让人性的丑恶循环下去而不加以扼制,那么所有美好的东西,都将会成为丑恶的殉葬品。社会的飞速发展,的确使得我们的生活充满了竞争,但是竞争的基本心态应该是严格要求自己,而不是打倒别人。

如果一个人在自己困难的时候还能记得向别人施恩,才是真正的施恩,才能获得别人发自内心的尊重与报答。说不定什么时候,分出去的那"半杯水",反而能帮你死里逃生。